Toolkit für agile Führungskräfte

Peter Koning

Toolkit für agile Führungskräfte

Selbstorganisierte Teams zum Erfolg führen

Aus dem Niederländischen von Rolf Dräther

dpunkt.verlag

Peter Koning
p.koning@prowareness.nl

Lektorat: Christa Preisendanz
Übersetzung: Rolf Dräther, *www.happycentric.de*
Copy-Editing: Ursula Zimpfer, Herrenberg
Satz: Birgit Bäuerlein
Herstellung: Stefanie Weidner
Umschlaggestaltung: Helmut Kraus, *www.exclam.de*
Druck und Bindung: mediaprint solutions GmbH, 33100 Paderborn

Bibliografische Information der Deutschen Nationalbibliothek
Die Deutsche Nationalbibliothek verzeichnet diese Publikation in der Deutschen Nationalbibliografie; detaillierte bibliografische Daten sind im Internet über *http://dnb.d-nb.de* abrufbar.

ISBN:
Print 978-3-86490-628-2
PDF 978-3-96088-647-1
ePub 978-3-96088-648-8
mobi 978-3-96088-649-5

1. Auflage 2019

dpunkt.verlag GmbH
Wieblinger Weg 17
69123 Heidelberg

Autorisierte Übersetzung der niederländischen Originalausgabe mit dem Titel »Toolkit voor agile leiders: Leidinggeven aan wendbare teams« von Peter Koning. ISBN 978-9024415601.

Hinweis:
Dieses Buch wurde auf PEFC-zertifiziertem Papier aus nachhaltiger Waldwirtschaft gedruckt. Der Umwelt zuliebe verzichten wir zusätzlich auf die Einschweißfolie.

PEFC zertifiziert
Das Papier für dieses Buch stammt aus nachhaltig bewirtschafteten Wäldern und kontrollierten Quellen
PEFC/04-31-0810 www.pefc.de

Schreiben Sie uns:
Falls Sie Anregungen, Wünsche und Kommentare haben, lassen Sie es uns wissen: *hallo@dpunkt.de.*

5 4 3 2 1 0

Geleitwort

Führung ist in agilen Organisationen relevanter denn je – weil die Welt immer digitaler und schneller wird. Unvorhersagbarkeit und Komplexität nehmen zu. Dass sich etwas verändern muss, ist inzwischen jedem klar. Doch was genau? Wann? Und vor allem wie? Bei so viel Ungewissheit richten sich die Blicke in Organisationen doch wieder auf die Führungskräfte. Von ihnen erwartet man, dass sie Antworten auf diese wichtigen Fragen haben. Dass sie vorausgehen, den Weg weisen und eine Richtung vorgeben, sodass jeder wieder genau weiß, was zu tun ist.

Doch was ist, wenn Führungskräfte das selbst auch nicht wissen? Wenn auch für sie die Richtung noch unklar ist? Was tun, wenn ihr Umfeld klare Pläne und Sicherheit erwartet, obwohl sie das faktisch nicht leisten können? Diesen Fragen müssen sich Führungskräfte in unserer heutigen Zeit stellen.

Diese Situation erfordert eine völlig andere Art von Führung. Nicht das Vorschreiben von detaillierten Plänen, Schritten und Prozessen, sondern das Setzen von Zielen und das Schaffen von Rahmenbedingungen, innerhalb derer Mitarbeitern erlaubt ist, eigene Wege zu finden. In meinem Buch »Der Bienenhirte« habe ich versucht, diese Art von Führung mit einer Metapher zu beschreiben: Führen wie ein *Imker*. Genau wie ein Imker dafür sorgen, dass die Bienenstöcke an einem guten, sicheren Ort stehen, sodass die Bienen den Rest selbst übernehmen können. Das bedeutet auch, zwar nachzuschauen, ob alles läuft, sich jedoch nie in die eigentliche Arbeit einzumischen. Probleme zu lösen, wenn die Bienen das selbst nicht können, doch nie den Bienen die Schuld dafür zu geben. Und immer auf sich selbst zu schauen, denn die Führungskraft ist dafür verantwortlich, in welcher Umgebung ihre Mitarbeiter arbeiten. Wenn etwas schiefgeht, liegt es also an ihr. Immer!

Diese Metapher von der imkernden Führungskraft funktioniert sehr gut. Sie hilft dabei, sich selbst in eine Art Imker zu transformieren. Doch dabei tauchen schnell Fragen wie die folgenden auf: Was ist meine konkrete Aufgabe? Was macht so eine imkernde Führungskraft genau? Was bringt mir das? Auf all diese Fragen gibt »Der Bienenhirte« keinerlei Antwort.

Zum Glück gibt es nun das Buch »Toolkit für agile Führungskräfte« von Peter Koning. Peter bringt das Thema auf den Punkt. Er beschreibt acht konkrete Tools, die Führungskräfte sofort in der Praxis einsetzen können. Damit gibt er der Rolle »Agile Leader« konkreten Inhalt. Eines seiner Tools nutze ich selbst regelmäßig, und zwar Tool 3: das Ownership-Modell. Mir fällt in der Praxis immer wieder auf, dass viele Führungskräfte denken, agiles Führen sei eine Frage von Loslassen, und das vollständig und mit einem Male, was dann in »Laissez-faire« endet. Doch das ist alles andere als Führung! In Teams wächst dadurch eher die Angst davor, Fehler zu machen, was für gewöhnlich nirgendwo hinführt. Es ist Aufgabe einer Führungskraft, ihre Teams dabei zu unterstützen, Schritt für Schritt die Fähigkeiten und die Reife zu entwickeln, die zu Selbstorganisation passen. Um das deutlich zu machen, nutze ich Peters Ownership-Modell.

Ein zweites Tool, das ich häufig verwende, ist Tool 5: Time-to-Learn (T2L). Ich beobachte, dass viele Führungskräfte noch im Time-to-Market-Denken feststecken. Und so versuchen sie, Produkte und Dienstleistungen so schnell wie möglich an alle ihre Kunden auszuliefern – auch schlechte Dienstleistungen und ungeeignete Produkte. Das T2L-Konzept hilft herauszufinden, wie die Lernkurve zum Kunden verkürzt werden kann. Das führt sehr schnell zu Initiativen, mit einem einzelnen Kunden innerhalb einer kurzen T2L zu experimentieren. So lernt man viel früher, was wirklich eine gute Idee ist und was nicht. In der Folge werden nur noch Produkte und Dienstleistungen an alle Kunden geliefert, die sich als erfolgreich erwiesen haben. Time-to-Learn (T2L) ist somit ein wirksames, praktisches Hilfsmittel, um Kundennutzen zu liefern.

Peter Koning ist es gelungen, ein konkret anwendbares Buch für Führungskräfte in schnelllebigen und sich verändernden Umfeldern zu schreiben. Sein Modell mit den zugehörigen Tools hilft agilen Führungskräften, praktische Schritte zu unternehmen. Es ist Pflichtlektüre für jede Führungskraft in einer agilen Welt. Kurz gesagt: sehr empfehlenswert!

Rini van Solingen[1]
Zoetermeer, 10. Juni 2019

1. Rini van Solingen (*www.rinivansolingen.com*) ist Sprecher und Autor über Themen wie Schnelligkeit und Agilität. Er ist Professor an der Technischen Universität Delft und CTO bei Prowareness We-On. Er ist unter anderem Autor von »Die Kraft von Scrum« und »Der Bienenhirte«. Demnächst erscheint sein neuestes Buch »Agile«. Alle drei Bücher werden auf Deutsch im dpunkt.verlag verlegt.

Inhalt

Einleitung

Ein Bauer lässt die Pflanzen nicht wachsen, indem er an ihnen zieht, sondern er schafft eine ideale Umgebung, in der sie gedeihen können.

Prolog

Patrick bleibt noch für einen Augenblick im Auto sitzen. Er hat heute Nacht kaum Schlaf gefunden und steht nun in aller Frühe in einem nahezu leeren Parkhaus. Seit drei Monaten arbeitet er als Führungskraft mehrerer agiler Teams und fragt sich, was nun werden soll. Die ersten Wochen in seiner neuen Rolle fühlten sich fantastisch an. Plötzlich waren Energie und Leidenschaft in der Abteilung zu spüren. Ein Großteil der Teammitglieder hatte Lust auf die neue Arbeitsweise und viele von ihnen waren froh, nun endlich auch mit agilen Methoden arbeiten zu dürfen. Um Marktführer bleiben zu können, müssen sie als Unternehmen flexibler werden. In letzter Zeit wurden sie zunehmend von neuen Konkurrenten überholt, die direkt Marktanteile erobern konnten, weil sie in der Lage waren, schneller auf Marktchancen zu reagieren.

Patrick zweifelt nicht an seiner Entscheidung, als Führungskraft zu arbeiten. Diese neue Art von Führung passt gut zu seinen eigenen Vorstellungen und Ideen. Er will ein Umfeld schaffen, in dem sich seine Teams entfalten, wachsen und innovativ arbeiten können – ein Umfeld voller Vertrauen und Inspiration, mit dem Fokus auf den Kunden. Doch nun fehlen ihm Antworten auf ein paar wichtige Fragen. Als er heute Nacht wach lag, hat er alles aufgeschrieben, was ihm durch den Kopf ging. Ehe er sich nun auf den Weg macht, geht er noch einmal seine nächtlichen Notizen durch. Seine wichtigsten Fragen sind:

1. Wie formuliere ich Ziele für meine Teams, die den Fokus nach außen auf den Kunden statt nach innen richten?
2. Wie können sich meine Teams auch auf lange Sicht weiterentwickeln?
3. Wie sorge ich dafür, dass meine Teams kontinuierlich vom Kunden lernen?
4. Wie schaffe ich eine Kultur der kontinuierlichen Verbesserung?

Ihm ist klar, dass eine IST-Analyse der Situation, das Aufstellen von Plänen und das Steuern nach Budget nicht die Antwort auf seine Fragen ist. Dafür sind die unberechenbaren Märkte, die Kundenanforderungen und die Dynamik in seinen Teams zu komplex. Er braucht etwas völlig anderes, um ein Umfeld für seine Teams zu schaffen, in dem sie erfolgreich sein können. Aber wie findet er die passenden Antworten?

Als er aus dem Auto steigt, ist er fest entschlossen, weiterzumachen, um Unterstützung zu bitten und sich wie ein Entdecker auf die Suche nach den Antworten auf seine Fragen zu begeben.

Für wen ist dieses Buch?

Dieses Buch ist für Führungskräfte geschrieben, die seit Kurzem in neuen agilen Kontexten für agile Teams, komplette agile Abteilungen oder ganze agile Unternehmen Verantwortung tragen. Diese Führungskräfte sind vom Nutzen und von der Notwendigkeit agilen Vorgehens überzeugt, ihnen fehlt es jedoch unter Umständen noch an Führungserfahrung in diesem neuen Kontext. Sie kennen sich grundsätzlich mit Scrum aus, haben bereits Erfahrung im Arbeiten mit Teams gesammelt und sind nun auf der Suche nach praktischen Werkzeugen, neuen Ansatzpunkten und Methoden, um ein inspirierendes Umfeld für ihre agilen Teams zu schaffen. Ihre Unternehmen sind in konkurrierenden Märkten tätig und in diesem Umfeld sind Kundenzufriedenheit, Innovation, Digitalisierung und Qualität wichtige Faktoren.

Die Verantwortung der agilen Führungskraft

Agile Führungskräfte steuern ihre Teams auf eine neue Art und Weise – nicht, indem sie Prozesse vorschreiben, die Effizienz steigern oder tagtäglich Entscheidungen treffen. Nein, sie führen, indem sie genau das Umfeld schaffen, das Teams zum Wachsen und für Verbesserungsprozesse brauchen. Innerhalb dieser Umgebung optimieren die Teams ihre Prozesse selbst, steigern ihre eigene Effektivität und Effizienz und treffen jeden Tag selbstständig Entscheidungen. Dadurch werden sie äußerst flexibel. Die Teams organisieren ihre Arbeit selbst und verfügen dafür über alle erforderlichen Kompetenzen und Fertigkeiten. So können sie schnell auf neue Technologien, drohende Konkurrenzsituationen und die sich ständig verändernden Kundenanforderungen reagieren. Sie brauchen nicht mehr auf offizielle Zustimmung, Managemententscheidungen oder Top-down-Strategieänderungen zu warten. Weil sie eine kurze Feedbackschleife mit ihren Kunden und Anwendern haben, können sie kontinuierlich mit neuen Ideen experimentieren, ihre Produkte und Dienstleistungen verbessern und sich mit anderen selbstorganisierten Teams abstimmen.

Die agile Führungskraft ist der Architekt dieses Umfelds. So wie ein Bauer seine Pflanzen nicht anschreit oder an ihnen zieht, sodass sie wachsen, kann auch die Führungskraft nur das passende Umfeld schaffen, in dem ihre Teams wachsen und sich entfalten können. Wachsen die Pflanzen nicht, gibt der Bauer nicht den Pflanzen die Schuld, sondern betrachtet es als Feedback zu den Bedingungen, die er geschaffen hat. Dasselbe gilt für die agile Führungskraft. Sie übernimmt die Verantwortung, das erforderliche Umfeld für ihre Mitarbeiter und Teams zu schaffen. Und wenn die Teams nicht wachsen, Dinge schiefgehen oder Kunden unzufrieden sind, wird die neue Führungskraft das als Feedback zu dem von ihr geschaffenen Umfeld betrachten, statt ihre Mitarbeiter dafür zu strafen, dass sie das Falsche tun.

Toolkit für agile Führungskräfte

Agile Führungskräfte sorgen also für ein inspirierendes Umfeld für ihre selbstorganisierten Teams. Doch wie machen sie das? Dazu werden in diesem Buch Werkzeuge, Workshops, Parameter und Beispiele vorgestellt. All das zusammen ergibt einen neuen Werkzeugkasten für die agile Führungskraft. Mit diesem Toolkit halten Sie ein »Steuerrad« in Händen, um das passende Umfeld zu schaffen.

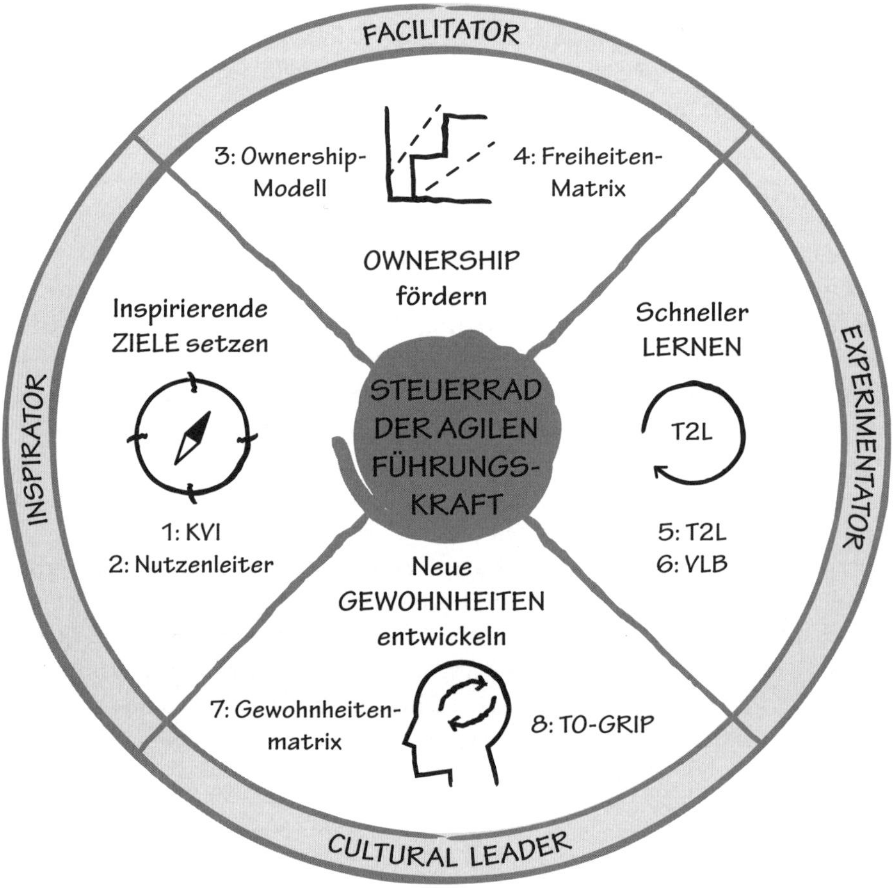

Das Steuerrad der agilen Führungskraft umfasst vier Aspekte, die zusammen ein Umfeld beschreiben, das selbstorganisierte Teams zum erfolgreichen Arbeiten brauchen.

Als agile Führungskraft haben Sie dabei die folgenden praktischen Aufgaben:

1. Setzen Sie inspirierende Ziele.
2. Fördern Sie Ownership.
3. Beschleunigen Sie das Lernen.
4. Entwickeln Sie neue Gewohnheiten.

Jeder Teil dieses Buches beschäftigt sich mit einem dieser Aspekte. Selbstorganisierte Teams brauchen alle vier, um erfolgreich zu sein. Sie erhalten einen klaren Fokus, viel Ausdauer und Energie, können aufgrund ihres Lernvermögens schnell reagieren und das alles in einer inspirierenden Unternehmenskultur mit den dazu passenden Gewohnheiten. Jeder dieser Aspekte beinhaltet zwei praktische Werkzeuge und eine konkrete Kompetenz der agilen Führungskraft. Insgesamt sind es also acht Werkzeuge und vier Kompetenzen. Die Kompetenzen werden im letzten Teil jedes Kapitels in die Praxis überführt und die Werkzeuge so erklärt, dass Sie als Führungskraft sofort damit loslegen können. Die Werkzeuge sind einzeln einsetzbar und jedes ist für sich allein erfolgreich. Alle Werkzeuge zusammen – der ganze Werkzeugkasten – sind miteinander verzahnt und verstärken sich gegenseitig. Folgende acht Werkzeuge werden vorgestellt:

1. **KVI** – der **Key Value Indicator** ist für das Team die wichtigste Kennzahl bezüglich der Schaffung von Unternehmenswert.
2. Die **Nutzenleiter** ist ein Werkzeug, um die Wirksamkeit und den Nutzen für den Kunden zu reflektieren und zu visualisieren. Dies unterstützt die Teams, ihre Produkte kontinuierlich zu verbessern.
3. Das **Ownership-Modell** visualisiert, was Teams brauchen, um Ownership zu übernehmen.
4. Die **Freiheitenmatrix** veranschaulicht, welche Freiheiten und welche Verantwortung ein Team in welchem Moment hat.
5. **T2L** – die »**Time-to-Learn**« – dient dazu, die Lerngeschwindigkeit des Teams zu messen.
6. Das **Validated Learning Board** (**VLB**) visualisiert den Lernprozess des Teams.
7. Die **Gewohnheitenmatrix** dient zur Unterstützung des Kulturwandels und zum Entwickeln neuer Gewohnheiten.
8. **TO-GRIP** unterstützt die agile Führungskraft bei der Umsetzung großer Veränderungs- und Verbesserungsprozesse.

Die vier Kompetenzen sind:

1. Der **Inspirator** hat die Fähigkeit, andere zu inspirieren und eine Umgebung zu schaffen, in der Menschen sich gegenseitig inspirieren können.
2. Der **Facilitator** besitzt die Fähigkeit, Ownership zu ermöglichen und zu unterstützen. Nicht durch Zwang, sondern durch die Gestaltung eines Prozesses der kontinuierlichen Verbesserung von Ownership.
3. Der **Experimentator** hat die Fähigkeit, eine sichere Umgebung zu schaffen, in der Teams experimentieren können. An die Stelle von Schuldzuweisungen bei Fehlern und Problemen treten Begleitung und Beratung, sodass die Teams kontinuierlich von Kunden und Anwendern lernen und sich stetig verbessern können.
4. Der **Cultural Leader (Kulturstifter)** hat die Fähigkeit, eine gesunde Unternehmenskultur zu schaffen und Menschen durch eigenes Vorbild und Vorleben zu führen, statt ihnen zu sagen, was sie tun sollen.

Mit diesem Werkzeugkasten können agile Führungskräfte das gewünschte Umfeld schaffen, notwendige Anpassungen daran vornehmen und kontinuierlich Verbesserungen anstoßen. Agile Teams erhalten so ein Ziel, das sie inspiriert, sie entwickeln mehr Ownership, eine höhere Lerngeschwindigkeit und eine bessere Teamkultur. Das ist für Teams eine ideale Umgebung, um erfolgreich zu sein. Sie werden dadurch noch agiler, ohne an Geschwindigkeit zu verlieren.

Warum dieses Buch?

Seit 2015 bin ich intensiv auf der Suche nach Werkzeugen, die agile Führungskräfte bei ihren Verantwortlichkeiten unterstützen. Meine Erfahrungen mit Scrum haben mich gelehrt, dass Werkzeuge den Teams helfen, agiler zu werden, und dass der beste Weg zu Verbesserung darin besteht, mit dem Arbeiten auf diese neue Weise zu beginnen. Auch eine agile Führungskraft braucht Werkzeuge, die sie unterstützen, auf neue Weise zu arbeiten, ihr Mindset und ihre Fähigkeiten weiterzuentwickeln und so beständig zu wachsen.

Ich habe die im Buch beschriebenen Werkzeuge gemeinsam mit einer Reihe von Unternehmen und Kollegen entwickelt und zu einem Werkzeugkasten zusammengefügt. Dieses Buch ist entstanden, um unsere Erkenntnisse und unser Wissen mit anderen zu teilen und auf diese Weise heutige und künftige agile Führungskräfte zu unterstützen.

Lesetipps

Jeden Teil des Buches kann man einzeln lesen und die beschriebenen Werkzeuge in die Praxis umsetzen. Die zahlreichen Beispiele basieren oft auf meinen Erfahrungen mit diversen Unternehmen, Managern und Führungskräften, die ich getroffen habe, und auf meinen eigenen Erfahrungen als Führungskraft. Weil nicht alle Beispiele positiv sind, habe ich mich entschieden, sie zu anonymisieren. Jede Übereinstimmung mit einem konkreten Unternehmen oder einer bestimmten Situation beruht allein auf Zufall. Um der besseren Lesbarkeit willen schreibe ich in der »sie«-Form über die agile Führungskraft, statt immer »er/sie« zu verwenden. Natürlich ohne dabei eine Aussage zu treffen, ob Männer oder Frauen bessere agile Führungskräfte sind.

Ich wollte vor allem ein Buch für die Praxis schreiben mit Werkzeugen und Schritt-für-Schritt-Anleitungen. Deshalb basieren die Überschriften der Kapitel auf konkreten Fragen, die mir von etlichen agilen Führungskräften in den letzten Jahren vorgelegt wurden. Wegen dieser Ausrichtung auf praktische Werkzeuge gibt es in diesem Buch wenige Referenzen auf Studien oder Literatur. Auch eine Begründung für den Nutzen und die Notwendigkeit agilen Vorgehens fehlt. Der Schwerpunkt liegt auf vielen praktischen Ansätzen, Beispielen und Anekdoten rund um das Toolkit für die agile Führungskraft. Auf *www.tval.nl* finden sich weitere Beispiele und Templates für die verschiedenen Werkzeuge.

Beim Schreiben dieses Buches hat mir das Gleichnis eines Segelbootes in unbekannten Gewässern geholfen, die richtigen Werkzeuge zu finden und auszuarbeiten. Das Boot muss durch unbekannte und unberechenbare Gewässer fahren und will seinen Bestimmungshafen so schnell wie möglich erreichen. Was sorgt auf dieser Fahrt für Erfolg? Die Crew braucht einen Kompass, um zu navigieren und ihre Position zu bestimmen, und ausreichend Wind, sodass sie schnell vorankommen. Die Besatzung muss bei hohen Geschwindigkeiten in der Lage sein, schnell auf Veränderungen zu reagieren und beständig zu lernen. Und sie segelt am liebsten in einer wundervollen Umgebung.

Der erste Teil *Inspirierende Ziele setzen* sorgt für den Kompass. *Ownership fördern* erzeugt eine Menge Vertrauen. Der dritte Teil *Schneller Lernen* verbessert die Reaktionsgeschwindigkeit und Wendigkeit. Und die Kultur und das Verhalten sorgen für ein schönes Umfeld (*Neue Gewohnheiten entwickeln*). Leere Templates für die verschiedenen Werkzeuge stehen unter *www.tval.nl* zur Verfügung.

Nach dem Lesen dieses Buches

Agile Führungskräfte werden durch die Lektüre dieses Buches und indem sie lernen, die beschriebenen Werkzeuge und Tipps in der Praxis anzuwenden, zur Umsetzung neuer Organisationsformen befähigt:

- Sie verfügen über konkrete Werkzeuge und Tipps zur kontinuierlichen Verbesserung von Selbstorganisation.
- Sie haben sich selbst in ihrer Rolle als agile Führungskraft weiterentwickelt.
- Sie können besser einschätzen, was ihre Rolle zu bestimmten Zeiten und Sachverhalten ausmacht.
- Sie sind in der Lage, die Hard Skills und Soft Skills von kontinuierlicher Verbesserung im Gleichgewicht zu halten.
- Sie führen agile Teams auf eine effektive Art und Weise.

Teil 1
Inspirierende Ziele setzen

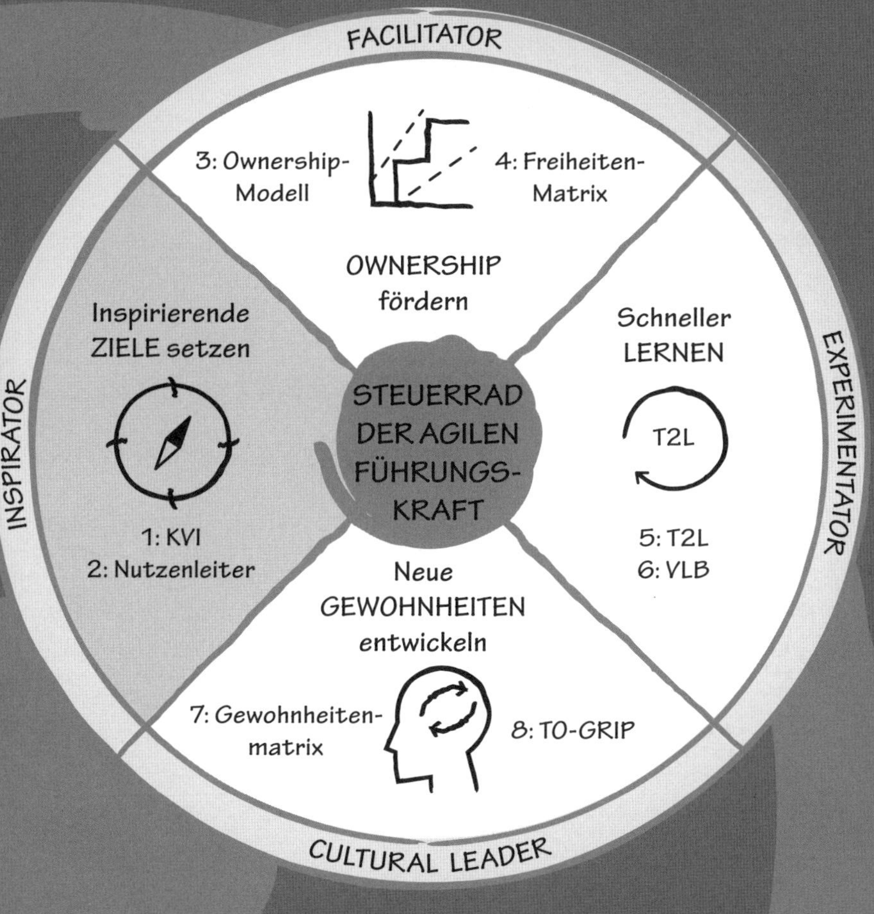

1.1 Wie setzt man inspirierende Ziele?

»Teams without clear goals
will not achieve their goals clearly!«

Tom Gilb

1.1.1 Fragen zum Einstieg

1. Was bedeutet »Das Spiel gewinnen« für Ihre Teams?
2. Über welchen KPI (Key Performance Indicator) oder welche andere Kennzahl messen Sie, ob Ihre Teams erfolgreich sind?
3. Zeigt diese Kennzahl auch, dass der Kundennutzen gesteigert wird?

1.1.2 Prolog

Es ist Anfang Januar. Geschäftsführer Hans läutet heute das neue Geschäftsjahr in seinem Unternehmen ein. Er versteht es, mit einer Kombination aus Humor, Anekdoten, Offenheit und Leidenschaft seine Mitarbeiter zu fesseln. Er erklärt, was er im kommenden Jahr von den Mitarbeitern erwartet. Die Zielstellungen sind konkret, messbar und die meisten Kollegen sind sich darüber im Klaren, wofür sie erforderlich sind. Es geht um eine Kundenbindung von mindestens 95 %, ein Partnerprogramm für die oberen 10 % der Kunden und ein Wachstum von 20 % über bestehende Produkte und Dienstleistungen. Hinzu kommen 100 % Umsatzwachstum im Innovationsbereich, eine enge Zusammenarbeit mit Partnern und der Anspruch, dass die Mitarbeiter ihre monatlichen Ziele erreichen. Für das letzte Ziel stellt Hans einen lukrativen Bonus in Aussicht: Jeder, der seine Ziele erreicht, kann am internationalen *Hackathon* teilnehmen: zwei ganze Tage voller Innovationen, Experimente und Wissensaustausch. Der Hackathon wird mit Beifall aufgenommen. Zum Abschluss präsentiert Hans für jede Abteilung die fünf KPIs, die für den Bonus entscheidend sind. Die meisten Mitarbeiter sind davon begeistert.

Nach seinem Vortrag gibt es in der Pause für alle Kaffee und ein Stück Sahnetorte, auf der das Firmenlogo prangt. Hans geht von Gruppe zu Gruppe, um sich Feedback zu seiner Präsentation zu holen. Dabei kommen ihm erste Zweifel, ob der Kern seiner Botschaft bei den Mitarbeitern angekommen ist. Jeder scheint ein anderes Bild davon zu haben, was im kommenden Jahr das Wichtigste ist. Hans fragt sich, ob sie überhaupt richtig zugehört haben. War vielleicht jeder in Gedanken noch beim Weihnachtsurlaub oder hat heimlich mit dem Handy rumgespielt? Zu guter Letzt kommt Hans zu der Einsicht, dass es wohl an ihm liegen muss. Offenbar hat er, trotz aller Bemühungen, den Schwerpunkt zu wenig herausgearbeitet. Er hat viele wichtige Dinge benannt, doch welches Kernziel bestimmt am Ende, ob es ein gutes Jahr wird? Wann gewinnen die Teams das Spiel? Angenommen, sie erreichen alle Ziele bis auf eins, dann war es doch ein erfolgreiches Jahr? Oder doch ein Misserfolg? Kann es passieren, dass alle denken, sie leisten hervorragende Arbeit, aber am Ende zeigt sich, dass das allein nicht ausreicht?

Hans begreift, dass er etwas falsch gemacht hat. Genau wie bei einem Sportwettkampf ist der Punktestand auf der Anzeige das Allerwichtigste. Und jeder kennt ihn. Kein Spieler muss erst auf die Anzeige schauen, um zu wissen, wie es steht. Hans erkennt, dass der Spielstand in seinem Unternehmen gar nicht sichtbar ist und dass er auch in seiner Präsentation darüber keine Klarheit geschaffen hat.

Deshalb ruft Hans noch am selben Nachmittag sein Führungsteam zu einem Brainstorming zusammen. Nachdem er seine Beobachtungen vom Vormittag mit allen geteilt und die Verantwortung dafür übernommen hat, besprechen sie gemeinsam die Notwendigkeit einer stärkeren Fokussierung. Auch das gesamte Führungsteam wünscht sich die Ausrichtung auf einen Schwerpunkt. Darüber sind sie sich schnell im Klaren. Doch die Einigung, worauf der Fokus gelegt werden soll, kostet Zeit. Viele der Zielstellungen erscheinen wichtig. Da sind Umsatz und Gewinn, aber auch Innovation, Kundenzufriedenheit und Qualität. Am Ende treffen sie gemeinsam eine Auswahl. Für jedes Team soll es genau einen zentralen KPI geben. Sie nennen ihn KVI – Key Value Indicator. Die Führungskräfte haben Ideen für diese KVIs, wollen sie jedoch lieber zusammen mit einigen Teams erarbeiten. Sie wollen die Ideen der Teams einbeziehen, um die Zielstellungen konkreter und inspirierender zu gestalten. Denn diese sollen am Ende den Teams helfen, sich wirklich auf den Kunden zu fokussieren und realen Kundennutzen zu liefern. Anhand dieses KVI können die Teams erkennen, ob sie auf dem Weg sind, »das Spiel zu gewinnen«, und tatsächlich Mehrwert für Kunden und Unternehmen generieren.

Monate später bemerkt Hans, dass die Teams inzwischen viel besser in der Lage sind, selbstständig Probleme zu lösen, Dinge zu verbessern und Initiativen zu ergreifen. Sie können in spezifischen Situationen nun selbst Vor- und Nachteile abwägen und Entscheidungen treffen, ohne dabei auf das Führungsteam warten zu müssen. Das macht die Teams flexibler und produktiver. Hans freut sich darüber, dass sie so selbstständig ihre Wirksamkeit für den Kunden und damit den Geschäftswert für das Unternehmen vergrößern können.

1.1.3 Traditionelle vs. neue Ziele

Teams arbeiten heute in einem komplexen Umfeld. Märkte, Technologien, Wettbewerber und die Wünsche der Kunden ändern sich so schnell und so unvorhersehbar, dass sie eine neue Art von Zielen brauchen, an denen sie sich ausrichten können. Doch aus welchem Grund neue Ziele?

In statischen oder sich nur langsam verändernden Märkten kann die Leistung von Mitarbeitern relativ einfach über den Output gemessen werden. Liefert ein Mitarbeiter oder ein Team mehr, so ist dessen Leistung im Vergleich zu anderen größer. Also je mehr Reifen montiert, Telefonanrufe bearbeitet oder Fenster gestrichen werden, desto größer ist die Leistung. Das funktioniert, weil in diesen Märkten eine relativ stabile Beziehung zwischen der Produktion des Unternehmens, dem Nutzen für den Kunden und dem Wert für das Unternehmen besteht. Viele Unternehmen wollen ihre bestehenden Produkte an mehr Kunden verkaufen. Und so müssen die verschiedenen Unternehmensbereiche immer mehr Output bei gleichbleibend hoher Kundenzufriedenheit und möglichst geringeren Kosten produzieren. In solchen Umfeldern werden Ziele durch Fokussierung auf eine interne Metrik gesetzt, die häufig KPI (Key Performance Indicator) genannt wird. Diese Metrik kann gemessen werden, indem lediglich auf die Zahlen dieses einen spezifischen Unternehmensbereichs geschaut wird: also zum Beispiel die Anzahl produzierter Autos, die Menge bearbeiteter Telefonanrufe oder die Anzahl fehlerfrei gelieferter Softwarefunktionalitäten. Das funktioniert, weil eine stabile und vorhersagbare Beziehung zwischen der Arbeit der Teams und dem Unternehmensergebnis besteht.

In komplexen, nicht vorhersagbaren oder sich schnell ändernden Märkten ist eine derartige Beziehung oft nicht bekannt. Es kann sein, dass es momentan auf der Basis der aktuellen Marktlage eine solche Korrelation gibt, doch Veränderung ist heutzutage nahezu garantiert, und so ist dieser Zusammenhang in naher Zukunft wieder unbekannt. Viele Videotheken sind plötzlich in Konkurs gegangen. Das lag jedoch nicht daran, dass es bei ihnen nicht genug Videos zum Verleihen gab, sondern dass sich der Markt verändert hatte. Plötzlich konnte man Videos ausleihen und online anschauen, ohne das Haus verlassen zu müssen. Ein anderes Beispiel: Nokia war für viele Jahre ein erfolgreicher Telefonhersteller. Als das Unternehmen in Schieflage geriet, lag das nicht daran, dass es nicht genug Telefone produzieren konnte oder weil wir Kunden aufgehört hatten, Handys zu benutzen.

Die richtigen Ziele sind ausgerichtet auf das, was Teams erreichen sollen, und nicht darauf, was sie tun müssen. Die richtigen Ziele machen greifbar und konkret, was für die Teams »Das Spiel gewinnen« bedeutet. Derartige Ziele zeigen an, wann Teams wirklich erfolgreich sind. Messbare Ziele, die darauf ausgerichtet sind, was zu tun ist, eignen sich gut in stabilen oder vorhersagbaren Situationen, weil hier im Voraus analysiert und geplant werden kann, was gebraucht wird, um erfolgreich zu sein. Die Teams müssen nur dem Plan folgen, um »ihr Spiel zu gewinnen«. Doch sobald sich die Situation unvorhergesehen verändert, stimmt das, was die Teams tun, in keiner Weise mehr mit dem überein, was getan werden müsste.

Wenn sich eine Mannschaft ganz und gar auf Ballbesitz fokussiert, dann wird er zunehmen. Doch mehr Ballbesitz heißt nicht automatisch, das Spiel zu gewinnen. Genauso sind mehr bearbeitete Telefonanrufe, mehr Softwarefunktionalität in der App oder mehr Kundenbesuche kein Garant für Erfolg. Also machen Ziele, die festlegen, was das Team zu tun hat, es nicht erfolgreicher. Sie müssen stattdessen angeben, was vom Team erreicht werden muss. Also zum Beispiel nicht die Anzahl verliehener Videos, sondern die Anzahl der Stunden, die Menschen Videos anschauen. Denn dank der neuen Technologien wurden zwar weniger Videos (in Videotheken) ausgeliehen, jedoch mehr als je zuvor angesehen.

Wie können nun Führungskräfte den Teams einen neuen Typ von Zielen vorgeben, die noch immer den Fokus setzen, aber gleichzeitig dazu ermächtigen, auf Marktveränderungen und neue Technologien zu reagieren? Wie können Führungskräfte die kollektive Intelligenz des Teams nutzen, um kontinuierlich zu beobachten, anzupassen und zu verbessern, und sie dabei gleichzeitig davor bewahren, falsche Entscheidungen zu treffen oder Prioritäten oder den Fokus falsch zu setzen? Wie schaffen es Führungskräfte, ihren Teams einen Kompass an die Hand zu geben, mit dem diese in unbekannten Gewässern auf Kurs bleiben können?

Um erfolgreich sein zu können, müssen Teams wissen, was sie für ihren Kunden leisten müssen. Sobald sie wissen, welchen Kundennutzen sie in der vergangenen Periode geliefert haben, sind sie in der Lage, darüber nachzudenken und zu experimentieren, wie sie in der nächsten Periode noch besser werden können. Dazu brauchen sie einen neuen Typ von Metrik. Eine Metrik, die eine Beziehung herstellt zwischen dem, was Teams liefern, in welcher Weise das dem Kunden nützt und wie dadurch Wert für das Unternehmen geschaffen wird. Sie brauchen einen Indikator für den gelieferten Geschäftswert.

1.1.4 Tool 1: Key Value Indicator (KVI)

Der KVI ist der wichtigste Indikator des Teams, um zu messen, ob es Geschäftswert liefert. Ein KVI ist vorzugsweise *eine* Metrik, ausgedrückt in *einer* Trendlinie, die den Zusammenhang zwischen Kundennutzen und Unternehmenswert verdeutlicht. Der Zweck dieses Tools besteht darin, Kunden intelligenter und zielgerichteter zu bedienen, was am Ende zu mehr Wertschöpfung für das eigene Unternehmen führt. Deshalb kann es kein internes Ziel sein, woran das Team gemessen wird. Es muss ein nach außen gerichtetes Ziel sein, das (direkt oder indirekt) das Kundenverhalten misst. Der KVI ist eine ständig aktuelle Kennzahl, mit der das Team die Auswirkungen seiner Handlungen messen kann. Mehrere Teams, die am selben Kundennutzen arbeiten, können denselben KVI haben.

Viele Unternehmen arbeiten bereits seit Jahren mit KPIs[1] (Key Performance Indicators) oder OKRs[2] (Objectives & Key Results). Die Stärke dieser Tools liegt im Fokus, den sie geben. Oft messen sie die Effizienz und Qualität interner Prozesse. Doch in einem komplexen und dynamischen Markt ist es wichtig, dass sich das Team auf den Kunden fokussiert. Deshalb ist der KVI ein kundenorientiertes Werkzeug, das die Stärken von KPI und OKR steigert. Wenn KPIs und OKRs auch schon den Einfluss auf den Kunden messen, dann sind sie unter Umständen bereits KVIs. Mit anderen Worten: Der wichtigste KPI, der gleichzeitig den Nutzen für den Kunden und die damit verbundene Wertschöpfung für das Unternehmen berücksichtigt, ist ein KVI. Im Folgenden sind einige Beispiele für KVIs aufgeführt. Weitere Beispiele finden sich auf *www.tval.nl*.

1. *https://de.wikipedia.org/wiki/Key_Performance_Indicator*
2. *https://de.wikipedia.org/wiki/Objectives_and_Key_Results*

1.1.5 Einige Beispiele für KVIs

1. Ein Team, das ein Online-Sportspiel entwickelt, nutzt als KVI die Anzahl der täglich aktiven Benutzer (DAU – Daily Active Users): die Anzahl von (Millionen von) Nutzern, die jeden Tag spielen. Ein großer Prozentsatz dieser User nutzt das Spiel regelmäßig, ca. 15 % davon haben ein Abonnement. Diese ernsthafteren Spieler generieren die Erlöse. Der Prozentsatz ist über die Jahre stabil geblieben: In dem Maße, wie die DAU stiegen, nahmen auch die monatlichen Einnahmen zu. Deshalb ist DAU ein angemessener Indikator für beides – sowohl die Lieferung von Wert für den Kunden als auch für das Unternehmen. Die wirklichen Fans des Spiels spielen es täglich. Und je mehr Benutzer täglich spielen, desto höher sind die Erlöse. Die Anzahl der DAU kannte jeder. Wer morgens ins Büro kam, fragte erst einmal nach den DAU und im Laufe des Tages verfolgten die Mitarbeiter, wie sich die Kennzahl entwickelte. Neue Funktionalitäten, Verbesserungen und die Wirksamkeit von Marketingkampagnen wurden anhand der Steigerung (oder Verringerung) der DAU gemessen. Neue Mitarbeiter wurden über frühere Steigerungen aufgrund guter Funktionalitäten informiert. Und mit einem lachenden und einem weinenden Auge erzählte man sich von schmerzhaften Verlusten infolge von Bugs, erfolglosen Features oder zu langsamer Reaktion auf Wettbewerber.
2. Teams, die gemeinsam eine Fitness-App entwickeln, nutzen die täglichen aktiven Minuten (DAM – Daily Active Minutes) als KVI. Die App ist für die Benutzer kostenlos, die Haupteinnahmequelle bilden Werbeeinnahmen. Während der Nutzung der App erscheinen Werbeeinblendungen am unteren Rand des Bildschirms. Die DAM zeigen an, wie viele (Millionen) Minuten die App weltweit genutzt wird. Je höher die DAM, desto größer die Fitness der Benutzer und damit der Erfolg der App.
3. Ein Versicherungsunternehmen war auf der Suche nach einem passenden KVI. Nach Brainstormings und Gesprächen mit Kunden fanden sie im Unternehmen heraus, dass der Prozentsatz zufriedener Kunden relativ niedrig ist. Unter all ihren Millionen Kunden gab es keine signifikante Menge, die wirklich mit ihren Versicherungen zufrieden war. Daneben waren die Kosten pro Versicherung höher als der Marktstandard. Gemeinsam entwarfen sie einen KVI, der sich aus den Gesamtkosten dividiert durch die Anzahl zufriedener Kunden berechnete, und nannten ihn die »Kosten pro Botschafter«. Das stellte klar heraus, dass ein zufriedener Kunde zum Botschafter des Unternehmens wird, der automatisch die Produkte an Freunde und Familie weiterempfiehlt. Nun konnten die Teams all ihre kollektive Intelligenz einsetzen, um sowohl die Gesamtkosten zu senken als auch die Kundenzufriedenheit zu steigern.

4. Ein Softwareunternehmen suchte nach einem passenden KVI. Es verfügte über einen breiten Kundenkreis, der das Produkt des Unternehmens auf täglicher oder wöchentlicher Basis nutzte. Bisher kam der NPS[3] (Net Promoter Score) als Metrik zum Einsatz. Doch über die letzten Monate wurde deutlich, dass der NPS nicht die nötigen Einsichten lieferte. Als man sich die Kunden anschaute, die den NPS ausfüllten, wurde klar, dass nur ein geringer Prozentsatz überhaupt Feedback gab und dass das vor allem die weniger zufriedenen Kunden waren. Die große Mehrheit erreichte man nicht. Als Nächstes wollte man die Korrelation zwischen dem für ein Monatsabonnement ausgegebenen Betrag und der Kundenzufriedenheit untersuchen, denn die Beträge schwankten zwischen 10 € und 5000 € pro Monat. Gemeinsam mit dem Produktmanagement machte man sich Gedanken zu diesem Dilemma und stellte sich selbst zwei Fragen. Wie kann der KVI uns eine Aussage

   - über die Zufriedenheit der großen Mehrheit der Kunden und
   - über den monatlich ausgegebenen Betrag liefern?

   Jeder Kunde sollte künftig monatlich zu seiner Zufriedenheit auf einer Skala zwischen eins und zehn befragt werden. Wenn er eine Sieben oder mehr angab, wurde sein Abonnement in die Berechnung der neuen Kennzahl einbezogen. Als neue Metrik verwendeten sie nun $\Sigma EUR7^{+}$, also den Gesamtbetrag der monatlichen Abonnements aller 7^{+}-Kunden. Um mehr Kundenfeedback zu erhalten, führte man zwei Verbesserungen ein. Zuerst einmal wurde ganz einfach nur nach einer Zahl zwischen eins und zehn gefragt. Natürlich nahmen die Mitarbeiter aus dem Kundensupport und die Relationship-Manager dennoch die Details des Kundenfeedbacks auf. Als Nächstes begann man, Tools wie UserVoice einzusetzen, um die Interaktion mit dem Kunden zu verbessern. Die Kunden sollten eine eigene Plattform erhalten, um Ideen zu posten und die Prioritäten im Product Backlog zu verändern.

5. Teams, die für die Behandlung von Supportanrufen mitverantwortlich sind, wählten als KVI die Anzahl Anrufe pro Woche und 1000 Kunden. Dieser KVI musste sinken, um Erfolg zu signalisieren. In Zusammenarbeit mit dem Vertrieb, der IT und dem Marketing begannen sie durch geeignete Maßnahmen, die Anzahl unnötiger Anrufe zu reduzieren. Das erlaubte den Teams, sich voll auf die verbleibenden Anrufer zu konzentrieren und ihnen einen positiven Eindruck vom Unternehmen zu vermitteln. Mit anderen Worten: Dank der gesunkenen Anzahl von Anrufen konnten die Teams ihre Zeit gezielt den Kunden widmen, die wirklich ihrer Aufmerksamkeit bedurften, und sich so voll auf das Generieren von Kundennutzen fokussieren.

---

3. *https://de.wikipedia.org/wiki/Net_Promoter_Score*

1.2 Wie findet man die richtigen KVIs?

Ein vollerer Teller macht das Essen nicht leckerer.

1.2.1 Fragen zum Einstieg

1. Auf welche Weise motivieren die Metriken Ihre Teams, auf intelligentere Art und Weise zu arbeiten?
2. Welche drei Kunden sind durch den Einsatz Ihres Produkts wirklich erfolgreicher oder außerordentlich begeistert?

1.2.2 Was ist ein guter KVI

Gordon Ramsey ist weltbekannt für seine Kochkünste, seine Bücher, Filme und vor allem seine Arbeit als Restaurantberater. Ich habe mir stundenlang die Serie »Hell's Kitchen« angesehen, in der er Restaurants dabei hilft, erneut erfolgreich zu sein. Restaurants, die geringe Qualität liefern, denen die Kunden davonlaufen, die Verluste schreiben oder aus anderen Gründen kurz davor stehen zu schließen. Innerhalb weniger Tage sorgt er dafür, dass diese Restaurants wieder erfolgreich sein können. Er bewahrt viele Restaurantbesitzer vor dem Konkurs und die Inhaber sind Gordon dafür sehr dankbar. Was macht ihn so einzigartig und erfolgreich? Er ist ein exzellenter Koch und versteht es, Menschen zu coachen. Doch meiner Meinung nach besitzt er eine ganz besondere Fähigkeit, die ihm wieder und wieder hilft, Restaurants zu retten: Er fokussiert sich völlig auf die Bedürfnisse der Kunden, die dorthin zum Essen kommen. Und so wird mit seiner Hilfe ein Restaurant einzigartig und beliebt und die Gäste zahlen gern dafür. Auf diese Weise schafft Gordon einen Kundennutzen, der sich für das Restaurant auszahlt. Das klingt einfach, ist in der Praxis jedoch schwer, denn es gibt so viele Dinge, durch die der Fokus auf den Kundennutzen verschwimmt.

Das Grundrezept für ein erfolgreiches Restaurant ist relativ simpel: schmackhaftes Essen, ein satter Bauch und eine angenehme Atmosphäre zu einem angemessenen Preis. Gordons Stärke besteht darin, diese grundlegenden Konzepte für ein spezielles Restaurant zu konkretisieren. Denn wie er diesen positiven Einfluss auf die Kunden erzeugt, unterscheidet sich von Restaurant zu Restaurant. Was genau ist schmackhaftes Essen? Was macht eine angenehme Atmosphäre in dieser Gegend aus? Was ist ein angemessener Preis für genau diese Gäste? Jedes Mal entwirft Gordon, abhängig von der konkreten Situation, andere Rezepte, ein spezielles Restaurantformat und passende Preise. Das macht ihn äußerst agil: Es versetzt ihn in die Lage, die Kundenbedürfnisse zu jeder Zeit angemessen zu bedienen. Auf diese Weise kann er auf die spezifische Situation, die Wettbewerber, die Zielgruppe, die Atmosphäre, die Fähigkeiten der Angestellten und vieles mehr reagieren. Und so entsteht jedes Mal eine profitable Lösung. Viele Unternehmen können davon lernen, worauf es ankommt: sich voll auf die elementaren Bedürfnisse des Kunden konzentrieren, Nutzen beim Kunden generieren und dadurch Wert für das eigene Unternehmen stiften. Diese drei Schritte braucht es, um einen guten KVI zu schaffen.

1.2.3 In drei Schritten zum ersten KVI

Für einen guten KVI braucht es folgende drei Schritte:

1. Den Kundennutzen klar herausarbeiten.
2. Visualisieren, wie dadurch Wert für das Unternehmen entsteht.
3. Eine Metrik definieren, die den Fokus auf den Kunden erhöht.

Schritt 1: Klarer Kundennutzen

Es beginnt damit, den Kundennutzen für die konkrete Situation klar herauszuarbeiten. Welche Vorteile bringt es dem Kunden, die angebotenen Produkte und Dienstleistungen zu nutzen? Einige Beispiele: Kunden können schneller agieren oder sie sind glücklicher, sie können ihre ambitionierten Ziele schneller realisieren oder sind auf andere Weise erfolgreicher. Vielleicht vermindert sich ein drängendes Problem? Gewisse Aufgaben kosten sie weniger Zeit, Risiken reduzieren sich oder die Kunden haben weniger Stress. Das Team hat also einen positiven Einfluss auf seine Kunden, indem es Produkte und Dienstleistungen entwickelt und weiter verbessert, die den Anwendern nützen. Möglicherweise sind die Lösungen heute andere als gestern und vielleicht wird sich dieser Wandel in der Zukunft noch beschleunigen, doch das eigentliche Kundenbedürfnis hat sich oft überhaupt nicht verändert. Die Weise, wie Kundennutzen geliefert wird, wandelt sich immer schneller, doch die zugrunde liegenden Kundenbedürfnisse verändern sich kaum.

Ich gebe zwei Beispiele, die das erläutern sollen. Die Produkte und Services, um zu Hause Filme anschauen zu können, haben sich in den vergangenen Jahren enorm verändert. Wir gehen nicht mehr in eine Videothek und leihen Videos aus, sondern streamen die Filme online vom Sofa aus. Netflix, YouTube, laufende Fernsehsendungen anhalten, Filme bequem vom Fernseher aufnehmen oder mit dem Tablet im Park Filme ansehen: All das sind Beispiele für neue Produkte und Services. Doch das Bedürfnis, sich Filme zur Entspannung, aus romantischen oder welchen Gründen auch immer anzusehen, hat sich in den letzten Jahren nicht verändert. Der Kundennutzen ist und bleibt, einen Film anzuschauen – um zu weinen, zu lachen oder sich zu entspannen. Nur, dass dieses Kundenbedürfnis nun auf eine komplett andere Weise befriedigt wird. Blockbuster ist 2010[4] nicht deshalb bankrott gegangen, weil sich das zugrunde liegende Kundenbedürfnis verändert hatte, sondern weil andere Unternehmen in der Lage waren, dieses Bedürfnis schneller und günstiger zu bedienen. Vielleicht steuerte Blockbuster mit KPIs wie der Anzahl ausgeliehener Videos oder der Abonnentenzahl. Netflix und YouTube nutzen KVIs wie

4. *https://de.wikipedia.org/wiki/Blockbuster_Inc.*

die Anzahl der tatsächlich angesehenen Videos. Denn ganz gleich, was neue Technologien in der Zukunft noch bringen werden, bleibt bei uns Kunden das Grundbedürfnis, uns zur Entspannung Filme anzuschauen. Erfolgreiche Unternehmen schaffen es, dieses stabile Bedürfnis mit neuen Technologien und verbesserten Services zu bedienen.

Ein anderes Beispiel. Autos werden aus unterschiedlichen Beweggründen gekauft: Komfort, ein Gefühl von Freiheit, Stauraum, Status, Sicherheit oder Urlaub. Viele Automarken profilieren sich in ihren Marketingkampagnen, Flyern und ihrem Auftreten über einen spezifischen Nutzen für die Kunden, um unterscheidbar zu werden. Im Laufe der Jahre haben sich Autos verändert und in vielen Aspekten gewaltig verbessert. Neue Technologien, andere Antriebe und jede Menge weiterer Veränderungen haben sie sicherer, schneller, ökonomischer oder einfacher zu bedienen gemacht. Die zugrunde liegenden Kundenbedürfnisse sind jedoch weitestgehend dieselben geblieben.

Es ist also unabdingbar, sich auf den Kundennutzen zu fokussieren. Das ist ein Schlüsselfaktor für Teams im dynamischen Markt. Doch wie kann dieser Kundennutzen Geld für das Unternehmen generieren und so zu Kontinuität beitragen?

Schritt 2: Konkreter Nutzen für das Unternehmen

Ist der Nutzen für den Kunden klar herausgearbeitet, kann man konkret darüber nachdenken, wie daraus Nutzen für das eigene Unternehmen entstehen kann. In diesem Schritt wird der gesamte Geschäftsprozess visualisiert: vom Entwickeln neuer Ideen über das Entwerfen von möglichen Lösungen bis hin zum Umsetzen der besten Ideen und Einholen von Feedback von realen Kunden. Selbstorganisierte agile Teams brauchen Einsicht in diesen ganzheitlichen Prozess und ihre eigene Rolle darin. Gemeinsam denken sie darüber nach, wie die Erhöhung des Kundennutzens zu einer Steigerung der Wertschöpfung für das Unternehmen führt. Dieser Wertschöpfungsprozess kann nur durch kollektive Zusammenarbeit, den Austausch von Erkenntnissen und ständige Verbesserung durch Feedback zwischen allen involvierten Teams optimiert werden. Führt mehr Essen auf dem Teller zu mehr Wertschöpfung? Wahrscheinlich nicht. Doch wenn sich die Restaurantgäste wohler fühlen, wird das mit hoher Wahrscheinlichkeit positive Auswirkungen haben. Führen mehr Features in einer App automatisch zu einer Steigerung der Wertschöpfung? Auch das eher nicht. Doch Features zu bauen, die die DAM (Daily Active Minutes) erhöhen, macht eine Steigerung wahrscheinlicher.

Im Folgenden sind ein paar Beispiele aufgelistet, was Teams leisten und wie sich das auf die Wertschöpfung des Unternehmens auswirkt.

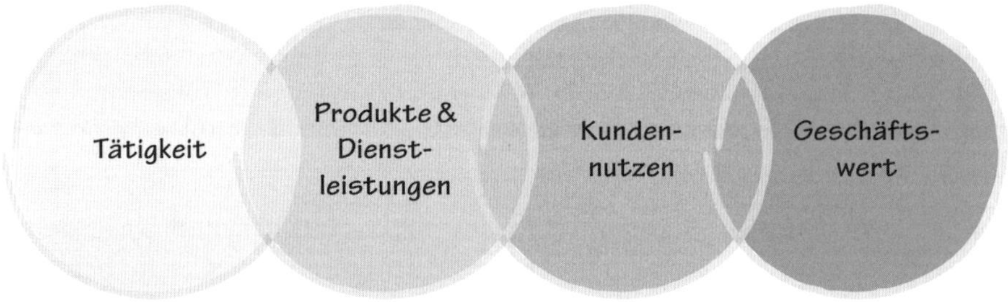

	Tätigkeit	Produkte und Dienstleistungen	Kundennutzen	Geschäftswert
Restaurant	Kochen, servieren, putzen, begrüßen, Reservierungen regeln	Speisen	Satt und zufrieden, Entspannung, Romantik zu fairen Preisen	Außer-ordentlich glückliche und zufriedene Kunden, die zu Botschaftern des Unter-nehmens werden
Automobil-hersteller	Autoteile designen und herstellen und zu einem Auto zusammenbauen	Funktionierende Autos	Schneller von A nach B kommen. Oder: Status, Luxus, Sicherheit	
Bekleidungs-hersteller	Mit Stoff und anderen Materia-lien Kleidung designen und herstellen	Kleidung wie Hosen, Hemden, Blusen	Praktisch ange-zogen oder elegant gekleidet sein. Oder auch: Status, Ego, erster Eindruck, Luxus oder Sicherheit	

Agile Teams können sich nur dann kontinuierlich verbessern, innovativ sein und auf intelligentere Weise arbeiten, wenn sie ein klares Bild von diesem kompletten Wertschöpfungsprozess haben.

Schritt 3: Eine Metrik wählen, um den Geschäftswert zu messen

Wenn klar ist, wie die Arbeit des Teams den Kundennutzen erhöht und wie das zur Wertschöpfung für das Unternehmen beiträgt, kann im dritten Schritt der KVI gewählt werden. Diese Metrik zu bestimmen ist oft ein kreativer Prozess, bei dem es hilft, die Ideen verschiedenster Mitarbeiter in einem konkreten KVI zusammenzufassen. Häufig werden im Verlaufe dieses Prozesses verschiedene KVIs für mehrere Monate erprobt, um sich dem optimalen KVI immer weiter anzunähern.

1.2.4 Woher weiß ich, dass wir einen inspirierenden KVI haben?

Einen inspirierenden KVI zu finden, ist eine komplexe Aufgabe, eine Entdeckungsreise. Der erste KVI ist häufig nicht der richtige, doch einen ersten Indikator zu setzen und mit ihm zu experimentieren ist oft der einzige Weg, einen besseren zu finden. Ein inspirierender KVI erzeugt Energie, regt zum Denken über den Tellerrand an und fördert Synergien. Indem man Ideen entwickelt und anschließend mit einem ersten KVI für einige Monate arbeitet, sammelt man Feedback und Lernerfahrungen, um ihn weiter zu verbessern. Das ist die sogenannte »*Sketch* → *Go* → *Learn*«-Schleife zum Entwickeln eines passenden KVI.

Doch woran erkennt man, dass man den richtigen KVI gefunden hat? Die folgenden fünf »E« für Brainstormings und Experimente mit Teams und Kunden sind ein praktischer Leitfaden zum Entwickeln inspirierender KVIs.

1.2.5 Fünf »E« für inspirierende KVIs

- **Einfluss**
  Das Team weiß, dass es die Metrik beeinflussen kann.
- **Einsicht**
  Die Metrik ist greifbar und sichtbar. Die Teams aktualisieren die Metrik selbst und sind begierig, die aktuellsten Zahlen zu erfahren.
- **Einfälle**
  Die Metrik fördert Ideen. Sie stimuliert das Denken über den Tellerrand hinaus. Die Teams haben eine Liste voller Ideen, Innovationen und disruptiver Features zusammengestellt mit dem Ziel, besser zu werden.
- **Erstrebenswertes**
  Die Absicht hinter der Metrik ist klar. Die Teams können den Zweck oder die Mission, die hinter dem steht, was erreicht werden soll, erklären.
- **Einwirkung** auf den Kunden
  Die Metrik fokussiert auf den Kunden. Der Kunde oder Anwender kann verstehen, dass sie ihm nützt.

1.2.6 Fallstricke bei der Auswahl und Nutzung von KVIs

- **Kein Feedback zu den in dieser Woche getroffenen Entscheidungen**
  Ein KVI, der nur wenige Male im Jahr gemessen wird, ist kein guter KVI, denn die heutigen Entscheidungen oder die dieser Woche spiegeln sich nicht in den Zahlen wider. So erhalten die Teams keine Einsichten, wie sie ihre Selbstorganisation verbessern können.
- **Nicht beeinflussbar**
  Das Team muss den KVI beeinflussen können. Einige Unternehmen arbeiten mit einem falschen KVI, beispielsweise mit dem Gewinn (EBITDA). Der zeigt deutlich das Gesamtziel an und macht es messbar. Allerdings hängt der Gewinn von vielen Faktoren ab, wie zum Beispiel strategischen Abschreibungen und anderen buchhalterischen Details. Oft ist es besser, mit der Gewinnspanne zu arbeiten. Gestalten Sie die Berechnung der Gewinnspanne der einzelnen Produkte und Dienstleistungen so einfach wie möglich und benutzen Sie diese dann als KVI für das Team.
- **Direkt an Boni gekoppelt**
  Wenn der KVI an Boni gekoppelt ist, entsteht in der Zusammenarbeit eine Menge Druck. Das macht es oft schwieriger, im Team gemeinsam über Verbesserungen, den Beitrag jedes Einzelnen und Synergien zu sprechen. Außerdem führt es häufig zu kurzfristigen Ergebnissen, die langfristige Investitionen schwieriger machen.
- **Nur auf dem Management-Dashboard**
  Wenn das Management die Metrik lediglich benutzt, um die Performance der Teams zu beurteilen, dann ist das nicht einmal die halbe Wahrheit. Es gibt eine Menge Gründe, weshalb der KVI steigt und sinkt, und sie alle sind wichtige Lektionen für die Teams und den Rest der Organisation. Einen sinkenden KVI allein mit unzureichender Leistung der Teams in Verbindung zu bringen, ist eine Denkweise aus nicht komplexen Umfeldern. Zahlreiche Unbekannte, Abhängigkeiten und externe Faktoren beeinflussen den KVI. Das ist das Schöne daran. Denn nur mit dem proaktiven Wissen, der Erfahrung und den Talenten aller können wir kontinuierlich Wege finden, den KVI positiv zu beeinflussen. Das macht es spannend, kurzweilig und herausfordernd. Sprechen Sie mit den Teams, anstatt nur die Zahlen zu beurteilen.
- **Warten auf den bestmöglichen KVI**
  Nach einer Untersuchung des Kundennutzens und seines Einflusses auf den Geschäftswert des Unternehmens sollte es möglich sein, einen guten und passenden KVI zu finden. Doch wenn es dann Wochen oder Monate dauert, ihn zu implementieren und genügend Daten zu sammeln, dann ist

es vielleicht doch ein schlechter KVI. Der bessere Weg ist dann, mit einer bestehenden Metrik zu arbeiten und Erfahrungen und Erkenntnisse zu sammeln, während der optimale KVI implementiert wird.

1.2.7 Wie setzt man inspirierende Ziele?

Oft sind die Teams an der Entwicklung der KVIs beteiligt und fühlen sich vielleicht deshalb schon mit den Zielen verbunden. Doch nicht jeder war initial dabei und während die Zeit vergeht, kommen neue Mitarbeiter hinzu. Deshalb stellen erfolgreiche Führungskräfte immer wieder sicher, dass die Ziele verstanden werden und motivierend sind. Sie wissen, dass inspirierende Ziele von entscheidender Bedeutung sind, denn die Arbeit der Teams ist herausfordernd und oft hart. Bei der Suche nach Lösungen, der Umsetzung von Verbesserungen und dem Übertreffen der Kundenerwartungen wird den agilen Teams viel abverlangt. Es erfordert häufig eine Menge Energie und Ausdauer, um diese Ziele zu erreichen. Das ist kein Dienst nach Vorschrift von neun bis fünf, sondern beständiges kreatives Suchen nach Lösungen. Und das bedeutet auch weiterzusuchen, wenn diese Lösungen zunächst nicht funktionieren oder das Feedback der Kunden unerfreulich ist.

Doch wie stellt man sicher, dass Ziele motivieren? Über die Jahre habe ich eine Reihe inspirierender agiler Führungskräfte getroffen. Sie alle wissen, wie man Menschen begeistert und Teams zusammenarbeiten und gemeinsam Hindernisse überwinden lässt. Wie machen sie das? Ich habe etliche agile Führungskräfte interviewt, beobachtet und mich mit ihnen ganz offen unterhalten. Wahrhaft zu inspirieren ist kein Trick, wirkliche Inspiration lebt von Authentizität und davon, verwundbar zu sein.

Darüber hinaus habe ich einige Dinge beobachtet, die alle diese agilen Führungskräfte gemeinsam haben, wenn sie vor kleinen oder großen Gruppen sprechen.

1. **Träumen**
   Sie haben eine Vision, einen inspirierenden Traum. Darüber können sie auf eine Weise sprechen, die verständlich ist, berührt und nahegeht. Das gibt den Teams das Vertrauen und die Energie, sich dafür einzusetzen.
2. **Kundenorientiert handeln**
   Dieser Traum ist nicht nach innen auf die Organisation, sondern auf den Kunden gerichtet. Der Fokus liegt darauf, was Teams für die Kunden leisten und wie sie einen positiven Kundenwert stiften können.

3. **Verwundbar sein**
   Agile Führungskräfte haben den Mut, vor (großen) Gruppen ihre Schwächen einzugestehen. Sie machen deutlich, dass sie es nicht allein schaffen können, dass sie nicht auf alles eine Antwort haben, dass sie nicht perfekt sind und dass auch sie Fehler machen. Und all das nicht aus Unsicherheit, sondern aus Authentizität.
4. **Entdecken**
   Statt einen detaillierten Plan zu präsentieren, laden sie zu einer Forschungs- und Entdeckungsreise ein. Sie stehen dazu, dass die Welt viel zu komplex und unvorhersehbar ist, um genau wissen zu können, was es braucht, um erfolgreich zu sein; dass sie keine Garantien dafür geben können, was genau passieren oder wie das dann im Detail aussehen wird. Sie rufen dazu auf, sich gegenseitig zu helfen, statt individuelle oder kurzfristige Ziele zu verfolgen.
5. **Strapazen benennen**
   Sie sprechen offen und ehrlich über die Mühen und Strapazen, die für die kommende Zeit zu erwarten sind. Denn der Weg wird nicht einfach sein und es wird nicht ohne Rückschläge abgehen.

In vielen Fällen war es schlichtweg eine Frage des Mutes. Die agilen Führungskräfte hätten Veränderungen aufschieben und so weitermachen können wie bisher. Das hätte kurzfristig weniger Risiko und Strapazen bedeutet. Doch sie riskierten Kopf und Kragen und entschieden sich, voranzugehen. Sie wollten etwas an der Art und Weise verändern, wie Kunden bedient und Talente und Potenziale von Mitarbeitern genutzt werden. Das führte am Ende zu einer Veränderung, die viel mehr einbrachte als nur Unternehmensergebnisse. In vielen Fällen begannen Mitarbeiter wieder an sich selbst zu glauben und Kunden waren zufrieden mit den gelieferten Produkten und Dienstleistungen.

Es ist Aufgabe der agilen Führungskraft, sicherzustellen, dass jedes Team einen klaren und inspirierenden Fokus auf das hat, was es *erreichen* muss. Praktisch bedeutet das, dafür zu sorgen, dass das Team versteht, weshalb Produkte und Dienstleistungen für den Kunden interessant sind und auf welche Weise darüber Wert für das eigene Unternehmen entsteht.

1.3 Wie visualisiert man den Kundennutzen?

»I would define Amazon by our big ideas, which are customer centricity, putting the customer at the center of everything we do.«

Jeff Bezos, CEO Amazon

1.3.1 Fragen zum Einstieg

1. Was macht die Kunden Ihres Unternehmens erfolgreicher?
2. Inwiefern ist es motivierend für Ihre Teams und Ihre Abteilung, den Kunden erfolgreicher zu machen?

1.3.2 Prolog

Die Farmdrohne

Matthias hat ein Start-up gegründet, um eine neue, fortschrittliche Drohne zu entwickeln, die Landwirten zu neuen Einsichten über ihre Kulturen verhelfen soll. Er wollte die Landwirte unterstützen, sodass sie nicht mehr über ihre Felder fahren müssten, um den Zustand der Bestände zu überprüfen. Stattdessen sollten sie tägliche Updates erhalten, ohne das Haus zu verlassen. Die Drohne würde über die Äcker fliegen und alle möglichen Daten sammeln. Das würde Zeit sparen und bessere Ergebnisse liefern, denn die Drohne könnte mehr Land in weniger Zeit überprüfen als der Landwirt mit seinem Traktor.

Er machte sich auf die Suche nach Investoren für die Realisierung des Produkts. Doch er schaffte es nicht, bei der Präsentation seiner Idee die Investoren zu begeistern, denn sie konnten sich weder vorstellen, dass die Drohne genau genug arbeiten, noch dass sie gekauft werden würde. Laut ersten Berechnungen war die Drohne sehr teuer und die Investoren waren nicht überzeugt, dass Landwirte sie kaufen würden.

Nach all dem Investorenfeedback begann Matthias an seiner Idee zu zweifeln. Er ging noch einmal in sich und überprüfte seine Aufzeichnungen. Darin ging es immer nur um die technischen Details der Drohne – die Anforderungen an die Batterie, mögliche Windgeschwindigkeiten, Algorithmen für optimale Routen des Autopiloten und wie der Drohne regelmäßig Softwareupdates zur Verfügung gestellt werden können. Er war sehr stolz auf seine technische Analyse. Er hatte auch mit Landwirten gesprochen und viele von ihnen hatten seinen technischen Spezifikationen zugestimmt.

Warum also konnte er nicht genügend Investoren überzeugen? Matthias überdachte noch einmal sein Problem. Dann erarbeitete er eine Liste, weshalb seine Drohne nützlich ist.

Er legte sieben leere Papierstreifen vor sich übereinander auf den Tisch. Auf den untersten schrieb er Farmdrohne. Dann betrachtete er sein Produkt aus der Perspektive eines Landwirts und fragte sich, warum der sein Produkt kaufen würde. Weil es *Daten* lieferte. Warum sollte er die Daten mit der Drohne erheben wollen – wegen der *Zeitersparnis*. Was genau würde sich dann beschleunigen? Er käme schneller zu *Einsichten*. Und warum sind diese *Einsichten* von Nutzen? Weil sie ihm helfen, *Entscheidungen* zu treffen. Doch warum sollte das dem Landwirt nützen? Weil er auf diese Weise seine Erträge steigern kann. Matthias schrieb *Höhere Erträge* auf einen Zettel. Und warum würde der Landwirt höhere Erträge wollen? Diese Antwort war einfach: Weil dadurch sein *Einkommen* wachsen würde – und das macht froh.

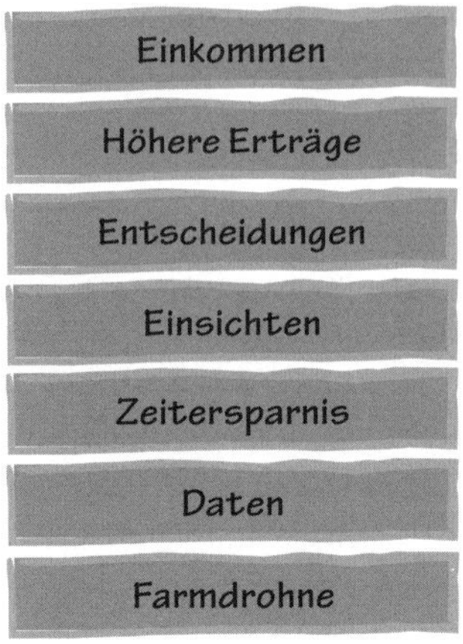

Er schaute auf die Liste und war ziemlich stolz auf das Ergebnis. Dann rief er einen der Landwirte an, den er bereits früher wegen seiner Idee kontaktiert hatte, und fragte, ob sie sich auf einen Kaffee treffen und über seine Ergebnisse sprechen könnten.

Eine paar Tage später saß er mit dem Landwirt zusammen. Matthias war ziemlich aufgeregt. Er erklärte dem Mann, was er gemacht hatte, doch dessen Gesicht sah dabei nicht allzu glücklich aus. Er unterbrach Matthias und fragte geradeheraus: »Weißt du, wie wir Landwirte Gewinn machen? Hast du eine Idee davon, was nötig ist, um am Ende Gewinn zu machen?« Matthias meinte es zu wissen, musste nun aber zugeben, dass er eigentlich keine Ahnung hatte. Sein Gegenüber sagte: »Weshalb ich an deiner Drohne interessiert bin, hat nichts damit zu tun, dass ich in irgendeiner Weise Zeit spare. Es gibt einen völlig anderen Grund. Ich denke, ich kann mit ihrer Hilfe eine Menge Geld bei Kulturen sparen, die nichts werden.« Matthias verstand nicht und wartete auf eine Erklärung. »Wir Landwirte geben eine Menge Geld für Pestizide, für die Bewässerung der Kulturen während Trockenperioden und für Dünger aus. Ich erwarte, dass ich schneller zu einer Entscheidung komme, für welche Teile ich nicht länger Geld investieren muss, weil ich sie abschreiben kann. Dadurch werden die Kosten gesenkt, während die Ernte möglicherweise die gleiche bleibt.«

Gemeinsam passten sie Matthias' Liste an und fügten einige Papierstreifen hinzu. Als Matthias sich das Ergebnis anschaute, wurde ihm nochmals klar, dass er sich die ganze Zeit stark auf die Details der Drohne konzentriert hatte – was wichtig ist –, ohne bisher je wirklich verstanden zu haben, wie das Produkt seinen Kunden nützen kann.

Sie führten ihr Brainstorming fort und sprachen über mögliche Risiken. Nicht über Produktrisiken, also ob die Batteriegröße ausreicht oder die Drohne intelligent genug ist, um ihre Route zu finden. Nein, sie sprachen über die Risiken des *Landwirts*. Sein Gesprächspartner erklärte, dass es für ihn zwei wichtige Risiken gebe: Erstens, können die Drohnendaten zu den gleichen Einsichten in kürzerer Zeit und vorzugsweise sogar zu besseren Erkenntnissen führen? Und so wurde »Zeitersparnis« in eine neue Art von Notiz verändert, denn in der Gesamtliste wurde der Eintrag nicht mehr gebraucht. Das andere Risiko bestand darin, ob der Landwirt auf Basis der Drohnendaten die richtigen Entscheidungen treffen kann, um Bestände abzuschreiben. Diese zwei Risiken waren tatsächlich Prämissen, die massiv den Erfolg der Drohne beeinflussen konnten. Würden die Landwirte wirklich bessere Entscheidungen treffen können, die das Gesamtnettoeinkommen steigern?

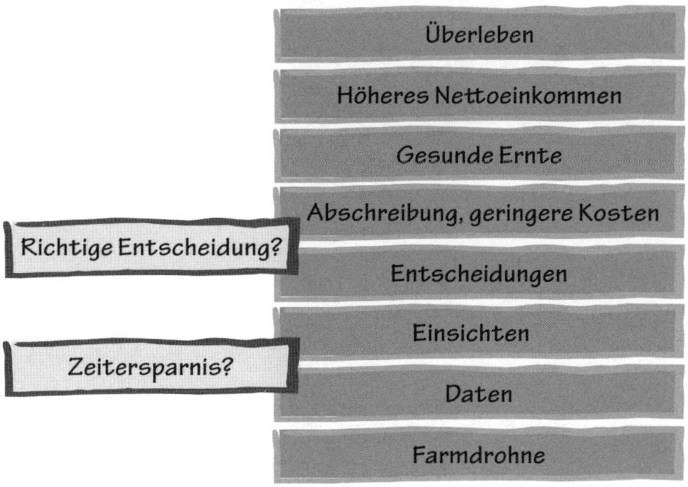

Matthias fuhr nach Hause und dachte über all die Dinge nach, die er herausgefunden hatte. Er konnte nun verstehen, weshalb seine potenziellen Investoren nicht so enthusiastisch auf sein Produkt reagiert hatten. Nicht wegen des technischen Einfallsreichtums, sondern weil sie alle (Matthias eingeschlossen) den Kundennutzen nicht wirklich verstanden hatten. Er telefonierte mit einigen seiner Investoren und begann ihnen die Kundenseite des Produkts zu erklären.

In einem dieser Gespräche, während eines Brainstormings zu möglichen Voraussetzungen, fragte der Investor: »Gibt es einen schnelleren Weg, unsere Annahmen zu überprüfen, als eine Drohne zu bauen?« Matthias' spontane Antwort war fast ein dickes Nein, aber dann dachte er noch einmal darüber nach. Doch, es gab schnellere Möglichkeiten, um an die Daten zu kommen.

Zum Beispiel könnte man eine Kamera auf einem Pfahl als Dummy-Drohne oder Satellitenbilder und -daten benutzen. Er ergänzte seine Übersicht um Alternativen. Das Ergebnis sah so aus:

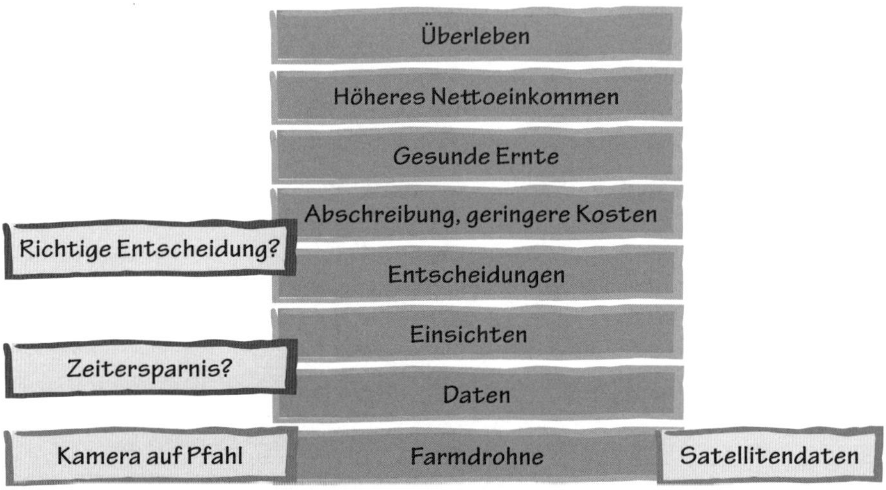

1.3.3 Komplexer Kundennutzen

In der Praxis kann es recht schwierig werden, den Kundennutzen zu verstehen, vor allem wenn der Kunde ein anderes Unternehmen ist. Andere Unternehmen nutzen nämlich die Produkte und Services wiederum als Teil ihrer eigenen Arbeit. Und so braucht es eine Menge Praxiserfahrung und Branchenwissen, um wirklich herauszufinden, wodurch die positive Auswirkung für diese Kunden entsteht. Worin genau besteht für sie der Vorteil und was ist ihr Wertzuwachs? Oft glauben Teams, dass sie den Kundennutzen kennen, weil sie nicht wissen, was sie nicht wissen.

Außerdem sprechen die Teammitglieder mit unterschiedlichsten Arten von Mitarbeitern der Kundenbetriebe: Anwender, Monteure, Manager, Einkäufer und Entscheider. All diese verschiedenen Rollen haben ihr spezifisches Bild vom Kundennutzen und eigene Gründe, weshalb sie von dem Produkt begeistert sind. Monteure und Anwender schauen auf Anwenderfreundlichkeit, detaillierte Funktionalitäten und Verlässlichkeit. Manager sind oft an einer Senkung der Gesamtkosten oder einer Umsatzerhöhung interessiert. Und strategische Entscheider wollen vor allem wissen, wie das Produkt zu ihren langfristigen Zielen passt. Das führt dazu, dass der Kundennutzen auf ganz unterschiedliche Arten beschrieben werden kann.

Will man den Teams die richtigen Ziele und einen passenden KVI geben, so muss völlig klar sein, wie das Produkt Kundennutzen stiftet. Deshalb sorgen erfolgreiche agile Führungskräfte dafür, dass die agilen Teams wirklich verstehen, auf welche Weise sie dem Kunden Vorteile bringen.

Zu diesem Zweck habe ich die Nutzenleiter entwickelt – ein Tool, das den Nutzen für den Kunden und die getroffenen Annahmen visualisiert. Die Nutzenleiter beruht zum Teil auf der 5-Why-Methode[5].

1.3.4 Tool 2: Nutzenleiter

Die Nutzenleiter ist ein Tool, durch das schnell klar wird, wie ein Produkt oder eine Dienstleistung zu einem positiven Effekt für den Kunden beiträgt. Es unterstützt Brainstormings zu diesem Thema und macht zudem die wichtigsten Annahmen und Risiken sichtbar. Das Tool kann sowohl für neue als auch bestehende Produkte und Dienstleistungen verwendet werden. Zudem wird es durch die Nutzenleiter einfacher, zwischen verschiedenen Typen von Anwendern und Zielgruppen zu unterscheiden.

Die Nutzenleiter besteht aus drei Kategorien:

1. Auswirkungsebenen
2. Annahmen
3. Alternativen

Schematisch sieht das Tool folgendermaßen aus:

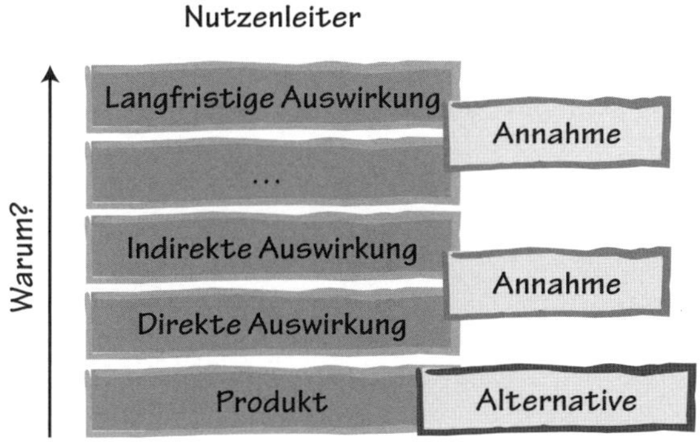

5. *https://de.wikipedia.org/wiki/5-Why-Methode*

Auswirkungsebenen

Die Auswirkungsebenen zeigen Schritt für Schritt, wie das Produkt oder die Dienstleistung zum Erfolg des Kunden beiträgt. Die direkten Auswirkungen beginnen bei der Nutzung: Benutzerfreundlichkeit, Verlässlichkeit und Zeitersparnis. Einige Ebenen höher geht es oft um geringere Kosten und bessere Ergebnisse. Und wiederum ein paar Ebenen darüber um strategische Vorteile und langfristige Auswirkungen.

Annahmen

Wenn die Auswirkungsebenen zur Nutzenleiter hinzugefügt sind, können die Annahmen dargestellt werden. Die Abbildung oben zeigt, dass eine Annahme immer zwischen zwei aufeinanderfolgenden Auswirkungsebenen platziert wird. Beispielsweise kann man sich fragen, ob das Produkt tatsächlich Zeit einspart oder die Kosten wirklich gesenkt werden. Diese Annahmen sind sogenannte Geschäftsrisiken, die während der Entwicklung des Produkts sorgfältig überwacht werden sollten. Um die Annahmen zu validieren, sollten Anpassungen vorgenommen, Innovationen angestoßen und Experimente durchgeführt werden.

Alternativen

Zum Schluss kommt die dritte und letzte Kategorie hinzu: alternative Wege, um Nutzen zu liefern. Es existieren oft unterschiedliche Möglichkeiten, um den gewünschten Kundennutzen zu realisieren. Das bildet die Nutzenleiter ab, indem den relevanten Auswirkungsebenen Alternativen hinzugefügt werden.

Wenn es zwei oder mehr völlig verschiedene Gruppen von Kunden gibt, lässt sich das nicht in *einer* Nutzenleiter abbilden. Dann ist es besser, eine Nutzenleiter pro Gruppe zu erstellen. Wenn zum Beispiel eine Plattform sowohl für Camper als auch für Campingplätze und Hotels angeboten wird, hat jede Zielgruppe eine andere Nutzenleiter. Weitere Beispiele gibt es auf *www.tval.nl*.

1.4 Zusammenfassung Teil 1

Agile Teams agieren in einem komplexen Umfeld. Märkte, Technologien, Wettbewerber und die Wünsche der Kunden ändern sich so schnell und so unvorhersehbar, dass die Teams eine andere Art von Zielvorgaben brauchen, an denen sie sich ausrichten können. In statischen oder sich nur langsam verändernden Märkten kann die Leistung von Mitarbeitern und Teams relativ einfach über den Output gemessen werden. Liefert ein Mitarbeiter oder ein Team mehr als andere, so ist dessen Leistung im Vergleich zu anderen höher. Doch agile Teams arbeiten anders. Wenn sie mehr Funktionalitäten in der App bereitstellen oder mehr Telefonanrufe bearbeiten, macht sie das nicht notwendigerweise produktiver. Deshalb brauchen sie andere Zielvorgaben, um ihnen eine Richtung zu geben und ihre Leistung zu messen. Diese neuen Ziele machen greifbar, was für die Teams »Das Spiel gewinnen« bedeutet. Und so sind diese Ziele ein Indikator dafür, wann Teams wirklich erfolgreich sind.

Agile Teams benötigen ein klares und inspirierendes Ziel für das, was sie erreichen sollen. Das zahlt auf das Gesamtziel ein und gibt ihnen die Flexibilität, Pläne zu ändern, wenn Unerwartetes eintritt. Niemand kann zum Beispiel im Voraus wissen, wie sich die Konkurrenz entwickeln wird, auf welche Weise neue Technologien optimal genutzt werden können oder welche Teamdynamiken auftreten werden. Um dennoch in der Lage zu sein, Lösungen zu finden, Chancen zu ergreifen und als Team Synergien zu nutzen, braucht es Ziele, die verdeutlichen, was erreicht werden soll. Der Fokus ist dabei nach außen gerichtet, auf die Erhöhung des Kundennutzens, und über diesen Weg auch auf die Steigerung der Wertschöpfung für das eigene Unternehmen.

Teil 1 stellt dafür zwei Tools vor: den KVI (Key Value Indicator) und die Nutzenleiter. Der KVI ist der entscheidende Indikator, mit dem das Team messen kann, ob es erfolgreich Wert generiert. Er besteht aus einer einzelnen Kennzahl, die in einer Trendlinie dargestellt wird und den Zusammenhang zwischen Kundennutzen und Wertschöpfung für das Unternehmen greifbar macht. Der Fokus liegt darauf, Kunden auf intelligentere und bessere Art und Weise zu bedienen, sodass über die Kunden zusätzlicher Wert für das eigene Unternehmen generiert wird. Also: Mit weniger Aufwand mehr erreichen.

Die Nutzenleiter visualisiert, wie Produkte und Dienstleistungen zu einem positiven Kundennutzen beitragen. Das Tool sorgt dafür, dass die oft schwierige und komplizierte Situation des Kunden greifbar und verständlich wird.

1.4.1 Die agile Führungskraft als Inspirator

Es ist wichtig, dass die Zielstellungen die Teams motivieren. Von agilen Teams wird viel erwartet: nach Lösungen suchen, Verbesserungen implementieren und dabei die Erwartungen der Kunden übertreffen. Oft braucht es eine Menge Energie und Ausdauer, um als Team zu wachsen und Ziele zu erreichen. Es geht nicht mehr um Dienst nach Vorschrift, sondern um eine kreative Suche nach Lösungen. Und wenn diese Lösungen nicht gleich funktionieren, heißt es, als Team dranzubleiben und weiter und weiter zu suchen. Deshalb ist es so wichtig, dass die agile Führungskraft in ihrer Rolle als Inspirator sich beständig verbessert, Feedback einholt, lernt und daran wächst. Für die Teams ein inspirierendes Umfeld zu schaffen, es einzurichten, zu bewahren und gleichzeitig zu verbessern, gleicht einer Entdeckungsreise. Eine erste Ausbaustufe der Tools zu entwerfen und dann während ihrer Nutzung immer weiter dazuzulernen ist der einzige Weg, um sowohl die Tools als auch die Umgebung kontinuierlich zu verbessern.

Um herauszufinden, ob die Teams ein inspirierendes Ziel verfolgen, können die folgenden fünf »E« genutzt werden, um Feedback zu erhalten:

- **Einfluss**
  Fühlt das Team, dass es die Metrik beeinflussen kann?
- **Einsicht**
  Ist das Ziel greifbar und sichtbar? Aktualisieren die Teams die Metrik selbst und können es kaum erwarten, die aktuellsten Zahlen zu erfahren?
- **Einfälle**
  Fördert die Metrik Ideen? Sie sollte das Denken über den Tellerrand hinaus stimulieren. Die Teams können eine Liste voller Ideen, Innovationen und disruptiver Features nutzen, um besser zu werden.
- **Erstrebenswertes**
  Ist die Absicht hinter der Metrik klar? Können die Teams den Zweck oder die Mission, die hinter dem steht, was erreicht werden soll, erklären?
- **Einwirkung** auf den Kunden
  Fokussiert die Metrik auf den Kunden?

1.4.2 Konkrete Maßnahmen

Nachfolgend einige konkrete Maßnahmen, um die Tools, Beispiele und Ideen aus Teil 1 in die Praxis zu überführen:

1. Teilen Sie häufiger Ambitionen und Träume miteinander – die eigenen ebenso wie die anderer. Üben und verbessern Sie sich beständig darin, auf inspirierende Weise Ihre Leidenschaft miteinander zu teilen.
2. Fragen Sie nach erfolgreichen Kunden. Haben agile Teams in letzter Zeit aktiv Kundennutzen geliefert? Wenn ja, so teilen Sie diese Geschichten miteinander. Wenn nicht, dann finden Sie gemeinsam Ideen, um besser zu werden.
3. Erstellen Sie eine Übersicht der Teams und ihrer KVIs. Dadurch erhalten Sie einen Überblick, welche Teams bereits mit einem konkreten KVI arbeiten und welche noch Unterstützung dabei brauchen.
4. Schreiben Sie die Namen von Führungskräften auf, die Sie inspirieren. Wofür stehen diese Menschen für Sie?

Teil 2
Ownership fördern

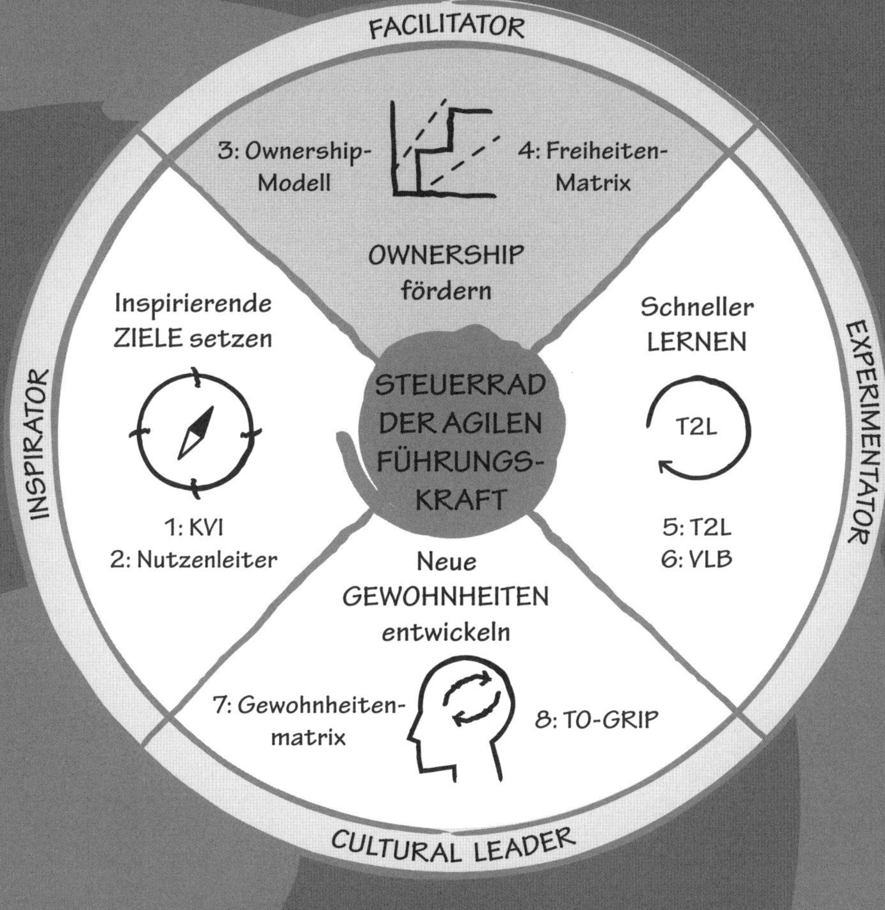

2.1 Wann übernehmen Teams Ownership[1]?

»The basic principle wich I believe has contributed more than an other to the building of our business as it is today, is the ownership of our company by the people employed in it.«

James E. Casey, Gründer von UPS

1. Anm. der Übersetzers: In der niederländischen Originalausgabe des Buches wird »eigenaarschap«, in der englischen Übersetzung »ownership« verwendet. Beides kann als »Eigentümerschaft« übersetzt werden. Da der Begriff allerdings etwas ungewohnt und sperrig klingt, habe ich mich für die Verwendung des englischen »Ownership« entschieden.

2.1.1 Fragen zum Einstieg

1. Was verstehen Sie unter Ownership?
2. Was müssen Sie tun, um Ownership zu schaffen?

2.1.2 Prolog

Montagmorgen. Patricia stellt ihre Tasche neben dem Schreibtisch ab und wird freundlich von den Mitgliedern ihres Teams begrüßt. Sie muss jedes Mal lächeln, wenn sie die Kollegen so energiegeladen bei der Arbeit sieht. Sie schaut in die Runde. Überall wird gemeinsam gearbeitet. Links hinten am Fenster steht eine Gruppe und diskutiert am Whiteboard. Rechts sitzen zwei zusammen vor einem Monitor, die wohl die Konversionszahlen der Website durchgehen. Und an der Kaffeemaschine stehen ein paar und tauschen sich über das vergangene Wochenende aus. Sie denkt an die Zeit vor einem Jahr zurück, als sie hier in dieser Abteilung als Managerin angefangen hat. Wie anders war es damals: null Energie, keine Leidenschaft und niemand in den Teams wollte Verantwortung übernehmen. Beinahe jeder war passiv, erledigte einfach nur seine Arbeit und sah zu, dass er so früh wie möglich nach Hause kam. Wenn sie eine Frage stellte, kam es ihr vor, als ob die Mitarbeiter versuchten, so lange wie möglich den Mund zu halten. Konnten Pläne und Verabredungen nicht eingehalten werden, zuckten sie lediglich mit den Schultern. Die Ergebnisse blieben weit hinter den Erwartungen zurück, doch das schien niemanden zu kümmern und keiner kam auf die Idee, daran etwas zu ändern.

Ihr Vorgänger hatte erfolgreich jede Form von Stolz, Eigeninitiative und Kreativität zerstört. Patricia war klar, dass sie es anders angehen musste und dass es eine ganze Weile dauern würde, das Vertrauen der Mitarbeiter zu gewinnen. Diese waren überladen mit Prozessen, täglichen Checklisten und viel zu hohen Zielvorgaben. Ihr Vorgänger hatte stets verärgert reagiert, wenn Checklisten nicht ausgefüllt, Prozesse nicht eingehalten oder Ziele nicht erreicht wurden. Und für Mitarbeiter, die ihre Arbeit gut machten, gab es nie ein lobendes Wort. So war es kein Wunder, dass Sinn und Nutzen all der Prozesse, Zielsetzungen und Checklisten unklar blieben. Patricia fand es logisch, dass die Mitarbeiter deshalb völlig demotiviert und leidenschaftslos ihrer Arbeit nachgingen, denn diese Prozesse passten nie zur Komplexität der Aufgaben, und die Checklisten waren zu detailliert und zu theoretisch. Patricia glaubte daran, dass diese Menschen kompetent genug seien, ihre Arbeit selbstständig zu erledigen. Die Mitarbeiter selbst hatten viel bessere Ideen, wie sie Fehlern begegnen und kontinuierlich lernen konnten. Die Checklisten hingegen sorgten dafür, dass Mitarbeiter nicht mehr kreativ auf die Suche nach Lösungen gingen. Doch um ambitionierte Ziele zu erreichen, war Kreativität unverzichtbar. Nur wenn alle Mitarbeiter zusammenarbeiten, die Initiative ergreifen und Verbesserungen umsetzen, könnte sich wirklich etwas verändern. Patricia war klar, dass sie allein nie in der Lage wäre, alles im Voraus zu durchdenken. Für sie waren das Denkvermögen, die Erfahrung und die Talente der Mitarbeiter ihrer Abteilung unverzichtbar.

So beschloss Patricia, etwas zu verändern. Einige Wochen nach ihrem Einstieg rief sie alle Mitarbeiter zusammen. Sie erklärte ihnen, was sie beobachtet hatte und was ihre Pläne für die kommende Zeit waren. Jedes Team würde ein Programm durchlaufen. Nach einem kurzen Training, einem Teambuilding und einem Workshop durften die Teams völlig selbstständig arbeiten – unabhängig von allen eingeführten Vorgehensweisen und Checklisten. Von diesem Tag an hatten die Teammitglieder vollkommen freie Hand, ihre Arbeit zu planen und zu koordinieren. Sie waren dann selbst verantwortlich für Urlaubsplanung, Wissenstransfer und das Einstellen neuer Mitarbeiter. Sie mussten einander Feedback geben und gegen Ende des Jahres sollte das Team sogar selbst die Beurteilungsgespräche führen. Anfangs entstand dadurch viel Enthusiasmus und Energie in der Abteilung. Die ersten Teams waren erfolgreich gestartet. Doch nach ein paar Wochen gerieten die Veränderungen ins Stocken. Zum Teil verschlechterte sich die Situation sogar wieder. Die Teams verfielen in die alte Passivität, begannen wieder zu murren und die Resultate blieben hinter den Erwartungen zurück. Es fehlte an nachhaltigem Schwung, an Leidenschaft und es entstand keine Ownership in den Teams. Patricia raufte sich die Haare. Was hatte sie falsch gemacht? Was hatte sie übersehen? Rückblickend war das wirklich eine schwere Zeit. Sie glaubte so sehr an ihre Abteilung und an die neue Arbeitsweise, und doch blieb die erwartete Verbesserung aus. Um die Abteilung zu retten, musste sie die eingeräumten Freiheiten wieder beschränken und so die Veränderungen teilweise rückgängig machen. Dadurch verlor sie bei vielen Mitarbeitern das ohnehin schon geringe Vertrauen, das sie gerade erst mit Mühe aufgebaut hatte. Sie hatte die versprochene und lang ersehnte Freiheit wieder beschnitten und so wurde in den Köpfen die Erinnerung an den vorherigen Manager wach. Zum Glück passierte dann doch ein kleines Wunder. Verrückterweise blühten einige Teams plötzlich auf. Es entstanden sehr wohl Proaktivität und Ownership, um die eigene Arbeit selbst in die Hand zu nehmen, Verbesserungen einzuführen und Wissen zu teilen. Anfangs verstand Patricia überhaupt nicht, was da passierte, und führte dazu mit diversen Mitarbeitern Gespräche. Ihr wurde zurückgespiegelt, dass das geringere Maß an Freiheit, die Struktur und die Klarheit genau das waren, was die Teams brauchten. Diese neuen Rahmenbedingungen halfen ihnen regelrecht, ihre Arbeit besser zu machen.

Patricia wurde klar, worin der Schlüssel zum Erfolg bestand. Um Leidenschaft, proaktives Handeln und Ownership in den Teams zu fördern, brauchten diese nicht möglichst viel, sondern genau das richtige Maß an Freiheit, das zu ihrem Reifegrad passte. Patricia entdeckte Parallelen zwischen der Führung ihrer Teams und der Erziehung ihrer Kinder. Wenn sie ihre achtjährige Tochter einfach machen ließ, was sie wollte, würde die das am Anfang bestimmt toll, letztlich aber sicher ungeheuer anstrengend finden. Denn ihre Tochter wäre für all die vielen Freiheiten noch gar nicht reif und erwachsen genug. Patricia begriff, dass für ihre Teams das Gleiche galt: Sie brauchten genau das Maß an Freiheit, das Wachstum fördert, ohne dass alles chaotisch und ziellos endet.

Nur mit diesem Maß an Freiraum entstehen Leidenschaft, Energie, Freude, Durchhaltevermögen und Unternehmergeist in den Teams. Dann stecken sich die Teammitglieder gegenseitig an, um Wissen zu teilen, zu lernen, intensiv zusammenzuarbeiten und die Kunden immer besser zu bedienen. Genau das ist es, was Patricia heute um sich herum wahrnimmt. Und diese Stimmung ist so ansteckend, dass sie ein Lächeln auf ihr Gesicht zaubert.

2.1.3 Was ist Ownership?

Ownership heißt, dass Teams freiwillig Verantwortung für die von ihnen gelieferten Produkte und Dienstleistungen und die damit verbundenen Ergebnisse übernehmen. Teams mit Ownership verhalten sich anders: Sie agieren proaktiv, voller Leidenschaft und Energie, um wirklichen Kundennutzen zu liefern. Sie arbeiten zusammen, geben einander Feedback, bleiben dran, sind aufgeschlossen, offen und lernen ständig. Sie unterstützen andere Teams beim Wachsen. Und sie begreifen sich als die Eigentümer, im Sinne von Unternehmern, sowohl für die Strategie als auch ihre konkrete Umsetzung. Dabei haben sie verstanden, dass sie selbst für ihre eigenen Herausforderungen, Lösungen und Kunden die Verantwortung tragen. Es ist wie das Gefühl, ein eigenes Kind zu haben. Daraus schöpfen Teams Stolz, Kreativität, Energie, Leidenschaft und Erfüllung bei ihrer Arbeit.

Ownership

Der mentale Zustand der Mitglieder eines Teams, in dem sie sich als Eigentümer der von ihnen gelieferten Produkte und Dienstleistungen fühlen. Dazu haben sie sich selbst freiwillig entschlossen. Sie organisieren ihre Arbeit proaktiv, sind untereinander transparent und werden kontinuierlich besser in dem, was sie tun. Sie fühlen sich als Team verantwortlich für ihre Arbeitsergebnisse.

Ownership kann nicht auferlegt oder erzwungen werden. Es ist die freie Entscheidung des Teams, Ownership zu ergreifen. Denn – Leidenschaft, Energie und Freude lassen sich nicht mit Zwang vereinbaren.

2.1.4 Warum Ownership?

Wenn die Arbeit komplex ist, Teams sich fortwährend weiterentwickeln und Mitarbeiter Tag für Tag kreative Lösungen finden müssen, braucht es etwas Besonderes, um erfolgreich sein zu können. Prozesse, Checklisten, Jahrespläne, Hierarchien und Stellenbeschreibungen helfen den Mitarbeitern nicht bei ihren täglichen komplexen Herausforderungen, denn jede Situation, jedes Problem und jeder Kunde ist einzigartig. Ownership ermöglicht, dass Teams außerhalb der ausgetretenen Pfade denken und innovative Ideen entwickeln, um Kunden wirklich zu helfen. Bei unerwarteten Problemen, komplizierten Herausforderungen oder enttäuschenden Ergebnissen sorgt Ownership dafür, dass sie sich für die Bewältigung all dieser Dinge verantwortlich fühlen. Weder warten sie darauf, dass andere für sie Lösungen finden, noch geben sie den äußeren Umständen die Schuld. Auch wenn es hart auf hart kommt, suchen solche Teams weiter nach Lösungen und denken in Chancen. In komplexen Umgebungen ist vor allem Letzteres unverzichtbar, um sich kontinuierlich weiterzuentwickeln und zu verbessern. Gerade in solchen Umgebungen findet man Lösungen nur, wenn man fortlaufend experimentiert, aus seinen Fehlern lernt und sich als Team beständig weiterentwickelt. Es braucht also Ownership, um als Team erfolgreich zu sein. Durch sie entsteht gewissermaßen eine Eigendynamik, um unerwartete Probleme und Hindernisse zu überwinden.

Für eine Führungskraft ist es großartig, zu erleben, dass Teams Ownership übernehmen. Und das nicht nur, weil das der einzige Weg ist, um erfolgreich zu sein. Es gibt vielen Führungskräften auch das befriedigende Gefühl, dass Führung genau das bedeutet: nicht das eigene Ego zu vergrößern, sondern die Mitarbeiter sich entfalten und Freude an ihrer Arbeit finden zu lassen.

2.1.5 Wie übernehmen Teams Ownership?

Was muss eine agile Führungskraft dafür tun, dass Teams sich als Eigentümer ihrer Arbeit verstehen? Sie kann sie nicht dahin drängen oder steuern, Teams können Ownership nur selbst übernehmen. Die Führungskraft kann lediglich eine inspirierende Umgebung schaffen und so Ownership fördern. Dabei ist es entscheidend, Teams nur so viel Freiheit zu geben, wie zu ihrem aktuellen Reifegrad passt.

Um Teams dieses richtige Maß an Freiheit zu geben, muss die agile Führungskraft wissen, wann sie eingreifen muss und wann nicht. Greift sie zu schnell ein, gibt sie dem Team zu wenig Freiheit. Greift sie zu spät oder gar nicht ein, hat das Team zu viel Freiraum. In einem solchen Fall wird es sich verloren fühlen und nicht im Stande sein, Ownership zu übernehmen. Wird das Team hingegen durch zu wenig Freiraum eingeengt, entsteht Frustration. Auch ein solches Team kann keine Ownership entwickeln. Wie erkennt eine agile Führungskraft nun Situationen, in denen sie loslassen kann, und andere, in denen sie eingreifen und unterstützen darf? Es ist nicht verwunderlich, dass agile Führungskräfte mit dieser Frage ringen, denn jedes Team ist anders und entwickelt sich zudem auch noch permanent weiter. Das erfordert einen Führungsstil, der jeweils dem Team und dem aktuellen Zeitpunkt entspricht.

Wie schafft nun die Führungskraft ein Umfeld, in dem die Teams Ownership übernehmen können? Diese Frage wird anhand von fünf Teilfragestellungen beantwortet:

1. Wann muss ich eingreifen und wann loslassen?
2. Welchen Reifegrad hat mein Team?
3. Auf welche Weise entwickeln sich meine Teams weiter?
4. Wie kann ich einen Rahmen abhängig vom Reifegrad vorgeben?
5. Wann funktioniert das Ownership-Modell und wann nicht?

Darüber hinaus werden das dritte und vierte Tool ausführlich vorgestellt: Das Ownership-Modell, das visualisiert, was Teams brauchen, um wirkliche Ownership zu entwickeln. Und die Freiheitenmatrix, die explizit macht, welche Freiheiten und Verantwortlichkeiten ein Team zu welchem Zeitpunkt hat.

2.1.6 Die agile Führungskraft als Facilitator

Mit diesen Tools agiert die agile Führungskraft in der Rolle des Facilitators, denn sie unterstützt und begleitet die Teams auf dem Weg zu Ownership, indem sie folgendermaßen vorgeht:

- *Sie stellt dem Team Fragen*, statt selbst Ownership zu übernehmen.
  Gute Fragen steigern die Kreativität, fördern Offenheit und Transparenz und stimulieren die Zusammenarbeit.
- *Sie gibt dem Teamprozess die Richtung vor.*
  Gute Teams sind in der Lage, aus den Ideen der einzelnen Teammitglieder gemeinsame, noch bessere Ideen zu entwickeln. Sie suchen nach Synergien, erarbeiten sich ein gemeinsames Bild der komplexen Situation und sind so als Team intelligenter als jeder Einzelne für sich.
- *Sie fördert Talente und Begabungen.*
  Die Talente und Begabungen jedes Einzelnen sind entscheidend für den Erfolg als Team. Wenn dem Team Kompetenzen fehlen, brauchen Teammitglieder unter Umständen Hilfe und Unterstützung, um diese zu entwickeln. Ein guter Facilitator erkennt und fördert Talente und sorgt dafür, dass sie für den Erfolg des gesamten Teams eingesetzt werden können.

2.2 Wann eingreifen und wann loslassen?

To let go or not to let go,
that's the question.

frei nach Shakespeare

2.2.1 Fragen zum Einstieg

1. Welche Teams sind Vorbilder in puncto Ownership? Weshalb?
2. Neigen Sie dazu, zu früh einzugreifen? Oder eher zu spät? Weshalb?

Wenn die Führungskraft in den richtigen Momenten eingreift oder loslässt, wird das Team Ownership übernehmen. Es ist auf jeden Fall nicht einfach, immer genau zu wissen, was die Situation erfordert. Wann muss gehandelt werden, um gravierende Fehler zu vermeiden? Wann ist es besser, nichts zu tun? Auf welche Weise erhalten die Teams genügend Raum, um selbst zu lernen und sich in Richtung Ownership zu entwickeln?

Muss man als Führungskraft aktiv werden, wenn ein Team mangelhafte Qualität liefert? Was ist zu tun, wenn Teams es nicht schaffen, selbstständig Lösungen zu entwickeln? Und was, wenn qualifizierte und talentierte Mitarbeiter das Team verlassen oder wenn Kunden oder Stakeholder mit den Ergebnissen unzufrieden sind? Was ist dann die Rolle der Führungskraft?

Ob ein Eingreifen erforderlich ist oder nicht, ist abhängig vom Reifegrad des Teams. Ein Team mit einem hohen Reifegrad ist in der Lage, seine Arbeit selbstständig zu organisieren und gute Ergebnisse zu liefern. Teams mit einem geringen Reifegrad hingegen brauchen dabei noch Unterstützung. Wenn eine Führungskraft einem erwachsenen Team wenig Autonomie einräumt und sich ständig einmischt, dann wird das Team mit Frustration und passivem Verhalten reagieren und keinerlei eigene Lösungsansätze mehr entwickeln. Am Ende gehen gute Mitarbeiter weg oder erledigen passiv, was ihnen vorgegeben wird. Die Folge sind niedrige Qualität und erhöhtes Risiko. Das Team braucht in diesem Fall mehr Freiraum und die Führungskraft wird viel mehr loslassen müssen. Das Verhalten des Teams kann man mit dem eines 25-jährigen Sohns vergleichen, der noch immer monatlich von seinen Eltern finanziell unterstützt wird. Er wird vermutlich keine Verantwortung dafür übernehmen, sein eigenes Geld zu verdienen. Am Ende führt diese Situation zu Passivität und geringem Durchsetzungsvermögen, denn schließlich sorgen die lieben Eltern ja noch immer dafür, dass es ihm gut geht.

Auf der anderen Seite wird es auch nicht funktionieren, einem Team, das gerade startet, sehr viel Freiraum und Autonomie zu geben. Das Team fühlt sich dadurch verloren, die Teammitglieder wissen selbst nicht recht, was zu tun ist, und können Risiken noch nicht gut einschätzen. Sie entwickeln keine eigenen Lösungsansätze, weil ihnen die dazu nötigen Kenntnisse fehlen. Das endet damit, dass Menschen das Team verlassen oder einfach nur ziellos herumprobieren. Auch in diesem Falle sind die Folgen Frustration, Passivität, niedrige Qualität und erhöhtes Risiko. Ein solches Team braucht erst einmal weniger Freiräume und die Führungskraft muss einen engeren Rahmen setzen und konkrete Hilfe anbieten.

Doch Signale wie Passivität, niedrige Qualität, Ausbleiben von Eigeninitiative und Weggang von Mitarbeitern reichen für die Entscheidung, ob Eingreifen oder Loslassen besser ist, oft noch nicht aus. Dazu muss die Führungskraft ebenso wissen, welchen Reifegrad das Team erreicht hat und wie viel Freiraum es deshalb braucht, um Ownership zu übernehmen. Um sie bei dieser Einschätzung zu unterstützen, wurde das Ownership-Modell entwickelt. Mithilfe dieses Werkzeugs kann die Führungskraft einfacher entscheiden, was zu tun ist, und es wird unmittelbar klar, ob ein Eingreifen erforderlich oder Loslassen die bessere Option ist.

2.2.2 Tool 3: Ownership-Modell

Das Ownership-Modell visualisiert die Beziehung zwischen Freiheit und Reifegrad von Teams. Es besteht aus zwei Achsen, zwei roten Zonen, einer grünen Zone und einer Treppe. Nur wenn Freiheit und Reifegrad von Teams ausgeglichen sind, sind die Teams in der Lage, Ownership zu entwickeln. Dieses Tool sieht wie folgt aus:

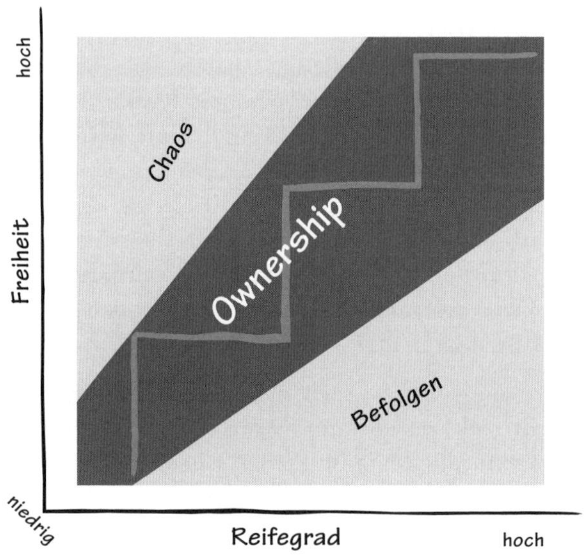

Horizontale Achse: Reifegrad

Der Reifegrad ist ein Maß dafür, inwieweit ein Team in der Lage ist, seine Arbeit selbstständig zu organisieren und an Kunden Produkte und Dienstleistungen zu liefern. Oder kurz gesagt: Inwieweit ist es fähig, selbstorganisiert Kundennutzen zu stiften.

Ein Team mit einem hohen Reifegrad kann:

- die eigene Arbeit planen und verteilen,
- qualitativ hochwertige Produkte und Dienstleistungen an Kunden liefern,
- kontinuierlich den eigenen Prozess verbessern,
- bei Kunden Feedback einholen, um so seine Wirksamkeit für sie zu erhöhen,
- mit dem Rest der Organisation selbstständig zusammenarbeiten,
- sich gegenseitig Feedback geben und so eigene Kompetenz und fachliches Können vergrößern.

Die Mitglieder eines Teams auf einer niedrigen Reifestufe hingegen sind bei den oben genannten Punkten noch auf die Hilfe ihrer agilen Führungskraft angewiesen. Diese unterstützt sie beim Planen und Verteilen der Arbeit, beim Treffen von Teamvereinbarungen, bei der Urlaubsplanung, bei der gegenseitigen Beurteilung und dem Stakeholder-Management.

Vertikale Achse: Freiheit

Die vertikale Achse bildet ab, wie viel Freiraum den Teams von der agilen Führungskraft und der Umgebung eingeräumt wird. Bei wenig Freiraum sind für viele Belange Abstimmung und Zustimmung erforderlich und es werden den Teams vorab viele Details geliefert. Bei einem hohen Grad an Freiheit dürfen Teams derartige Dinge selbstständig regeln.

Teams mit einem hohen Maß an Freiheit dürfen beispielsweise:

- vieles selbst entscheiden und die Konsequenzen davon tragen,
- das Management ihrer Stakeholder übernehmen,
- den Prozess und die Zusammenarbeit mit anderen Teams kontinuierlich verbessern,
- ihre Hindernisse (Impediments) und Herausforderungen meistern,
- innerhalb der Grenzen, die durch den Rest der Organisation gegeben sind, weiterhin selbstständig arbeiten.

Freiheit geht also einher mit Verantwortung und zugehörigen Konsequenzen. Sobald eine Führungskraft – in bester Absicht – die negativen Folgen von Teamentscheidungen vom Team fernhält, wird dessen Maß an Ownership sinken. Denn von diesem Moment an ist es nicht mehr verantwortlich für das eigene Verhalten. Sobald Teammitglieder die Verantwortung für ihre Entscheidungen und deren Konsequenzen nicht selbst tragen müssen, erfahren sie als Team auch keinerlei Probleme, Belastungen oder Beschwernisse. Was dazu führt, dass sie nur zögerlich nach Verbesserungen streben und sich nur noch langsam weiterentwickeln. Zudem werden die Potenziale des Teams nicht mehr voll ausgeschöpft. Nach einiger Zeit hat das Team jegliche Ownership abgelegt und verhält sich wie ein verwöhntes Kind.

An dieser Stelle soll ein Beispiel verdeutlichen, wie es aussehen kann, wenn ein Team sowohl die Freiheit als auch die Verantwortung für sein Handeln annimmt: Ein Kundenserviceteam mit hohem Reifegrad hatte vor einigen Monaten einen Kunden falsch beraten, worauf dieser äußerst unzufrieden war. Früher war es in einer solchen Situation üblich, dass der Manager sich dann beim Kunden entschuldigte. Dieses Mal hatten die Teammitglieder das Problem selbst in die Hand genommen. Sie waren auf den Kunden zugegangen und hatten sich gemeinsam auf eine angemessene Entschädigung geeinigt: einen Rabatt auf das Produkt, das der Kunde ja trotz allem brauchte. Diese Entscheidung konnten sie aufgrund ihres Reifegrads ohne Rückfrage selbst treffen. Der Kunde war mit dieser Lösung glücklicherweise außerordentlich zufrieden, und weil die Teammitglieder diesen Fehler selbstständig aus der Welt schaffen durften, nahm ihr Maß an Ownership zu. Sie waren stolz auf ihre Lösung, ungeachtet der Tatsache, dass sie daraufhin härter arbeiten mussten, um die Folgen zu korrigieren.

Zwei rote Zonen

Die zwei roten Zonen (im Modell hellgrau dargestellt) sind Bereiche, in denen das Verhältnis von Freiheit und Reifegrad nicht ausgeglichen ist.

- **Zu viel Freiheit: Chaos**
  Hat das Team mehr Freiraum als zu seinem Reifegrad passt, kann es keine Ownership entwickeln. Die Teammitglieder fühlen sich verloren, es gibt zu viele Optionen und ihnen fehlt es an Überblick, um Entscheidungen zu treffen. Darüber hinaus können sie die Folgen ihrer Entscheidungen nur unzureichend abschätzen, was am Ende sogar dem Rest des Unternehmens schaden kann.
- **Zu wenig Freiheit: Befolgen**
  Wird dem Team weniger Freiraum eingeräumt, als es seinem Reifegrad entsprechend braucht, dann fehlt der Raum für Eigeninitiative, für Wachstum als Team und das Entwickeln eigener Arbeitsweisen. Das mündet in Frustration und Demotivation, was sich auf die Qualität und die Kundenzufriedenheit auswirkt.

Grüne Zone

Die grüne Zone (im Modell dunkelgrau dargestellt) befindet sich in der Mitte und markiert das Gebiet, in dem Freiheit und Reifegrad sich im Gleichgewicht befinden. Das Team erhält Klarheit und die erforderlichen Rahmenbedingungen. Gleichzeitig wird den Teammitgliedern Raum gegeben, sich selbst einzubringen. Das ist die ideale Umgebung für das Team, um Ownership zu übernehmen.

Treppe

Die Treppe innerhalb der grünen Zone visualisiert die wachsende Reife des Teams. Das Team erhält mehr Freiheit, wodurch Teammitglieder sich gemeinsam hin zu einem höheren Reifegrad entwickeln können. Dann wird der Freiraum wieder vergrößert und so können sie weiterwachsen. Das ist der Grund, weshalb die Treppe erst nach oben und dann erst nach rechts und danach wieder nach oben führt.

Wann eine Führungskraft eingreifen oder besser loslassen muss, hängt davon ab, inwieweit das Maß an Freiheit zum Reifegrad passt. Dazu muss sie jedoch wissen, auf welcher Reifestufe sich das Team befindet. Wie eine Führungskraft das herausfinden kann, wird im nächsten Abschnitt beschrieben.

2.3 Welchen Reifegrad besitzen die Teams?

Eine Führungskraft braucht es nicht, gebraucht zu werden.

2.3.1 Fragen zum Einstieg

1. Welche Ihrer Teams besitzen schon ein hohes Maß an Reife?
2. Was gibt Ihnen mehr Energie: neue Teams beim Starten zu unterstützen oder reife Teams zu fördern?

Der Reifegrad von Teams wird deutlich, wenn jeder Stufe der Treppe Kriterien zugeordnet sind, die ein Team auf diesem Level erreichen muss. Wenn die Teams und die agile Führungskraft gemeinsam an der Gestaltung dieser Treppe arbeiten, werden die beiderseitigen Erwartungen geklärt. Der Reifegrad von Teams wird so in Phasen unterteilt. Nun können jeder dieser Phasen Kriterien zugeordnet werden, die ein Team erfüllen muss, um dieses Level zu erreichen. Dadurch wird der Reifegrad von Teams messbarer. Gleichzeitig werden die Erwartungen der Stakeholder, der anderen Teams und der agilen Führungskraft miteinander abgeglichen. Das schafft Klarheit und fördert für sich bereits das Wachstum von Ownership in den Teams.

2.3.2 Reifephasen

Die Reifephasen von Teams können auf unterschiedliche Weise benannt werden:

- Mit einem Namen oder einem Label, beispielsweise »Junior« und »Senior«
- Mit einer Anzahl von Sternen, also 0-, 1-, 2- oder 3-Sterne-Team
- Mit einem Label wie »Landhaus«, »Villa« und »Wolkenkratzer«
- Mithilfe einer Nummerierung, beispielsweise mit »Basecamp«, »Camp 1«, »Camp 2«, … und »Gipfel«

Bei all dem ist wichtig, dass für jede Phase *messbar* gemacht wird, was die Teams erreichen *müssen*. Wenn diese Kriterien nicht messbar sind, entsteht zu viel Interpretationsspielraum und die Ownership schwindet. Und es geht lediglich darum, *was* erreicht werden muss, ohne vorzuschreiben, *wie* das zu geschehen hat. Das Ziel der Führungskraft ist nämlich, dass die Teams cleverer, intelligenter vorgehen und so mehr erreichen, statt mehr und härter zu arbeiten. Es ist wie bei einem Sportteam: Sein Reifegrad wird anhand der Ergebnisse innerhalb des Turniers bestimmt – also daran, wie viele Spiele es gewinnt, und nicht anhand der Anzahl erfolgreicher Pässe oder des prozentualen Ballbesitzes. Wenn das Team auf seinem aktuellen Level die Meisterschaft gewinnt, steigt es in die nächsthöhere Liga auf. Und wenn es in dem, was es tut, richtig gut ist, wird es am Ende die Landesmeisterschaft gewinnen.

So verschieden wie die Organisationen werden auch die Ownership-Modelle sein, die bei ihnen zum Einsatz kommen. Softwareentwicklungsteams können ihren Reifegrad beispielsweise folgendermaßen ausweisen: Alle zwei Wochen werden drei Gruppen nach ihrer Zufriedenheit befragt: das Team selbst, der

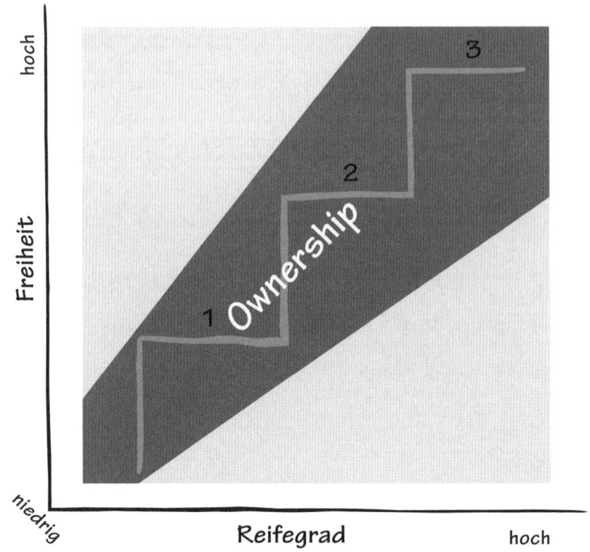

Produkteigentümer und die wichtigsten Stakeholder des Teams. Wenn das Team in zwei aufeinanderfolgenden Sprints von allen drei Gruppen mindestens eine 7 auf einer Skala von 1 bis 10 erhält, kann es ein 1-Sterne-Team werden. Ein 2-Sterne-Team braucht durchgängig eine 7,5 und ein 3-Sterne-Team muss mit 8 und höher bewertet werden. Für 2- und 3-Sterne-Teams kommen weitere Bedingungen hinzu. Ein 2-Sterne-Team muss seinen Key Value Indicator (KVI) kennen und pflegen. Ein 3-Sterne-Team muss darüber hinaus Wachstum des KVI vorweisen können und zugleich in der Lage sein, täglich automatisch an Kunden auszuliefern.

2.3.3 Andere Indikatoren

Neben der Zufriedenheit können auch andere Indikatoren zum Einsatz kommen, um den Reifegrad messbar zu machen – beispielsweise die Marge je Teammitglied oder die Anzahl neuer großer Kunden je Quartal. Ein weiterer Indikator kann die Anzahl manueller Tätigkeiten je 1000 Kunden sein, denn: Je weniger manuelle Arbeit erforderlich ist, desto skalierbarer ist das Team.

In der Praxis ist es oft nicht einfach, den Reifegrad eines Teams in Phasen zu unterteilen. Dann kann das Wissen um erkennbare Reifephasen helfen. Im nächsten Abschnitt wird deshalb erklärt, in welchen Schritten sich die meisten Teams entwickeln.

2.4 Wie wachsen typische Teams?

»The courage of leadership is giving others the chance to succeed even though you bear the responsibility for getting things done.«

Simon Sinek

2.4.1 Fragen zum Einstieg

1. Was gefällt Ihnen besser? Die Umgebung schaffen, in der Teams erfolgreich sein können? Oder sind Sie lieber aktiver Teil des Teams?
2. Bringen Sie die Geduld auf, ein Team heranwachsen zu lassen?

In den vergangenen Jahren habe ich eine Reihe von Teams heranwachsen sehen. Dabei konnte ich beobachten, dass viele dieser Teams vergleichbare Reifephasen durchlaufen. Diese Phasen sind:

#	Phase	Beschreibung
0	Start	Es entsteht Zusammenarbeit.
1	Output	Das Team gibt verlässliche Vorhersagen, managt seine Stakeholder und liefert häufig, was es zugesagt hat.
2	Qualität	Das Team erweitert sein fachliches und technisches Können und liefert hohe Qualität.
3	Skalierung	Das Team arbeitet intensiv mit anderen Teams zusammen und schafft Synergien über Teamgrenzen hinweg.
4	Wirksamkeit	Das Team agiert intelligenter und arbeitet mit anderen Teams zusammen, um einen höheren Kundennutzen zu schaffen. Die Teammitglieder werden zu Beratern ihrer Kunden.

Erfolgreiche agile Führungskräfte orientieren sich in ihrem Verhalten an den Reifephasen ihres Teams. Dazu müssen sie erkennen können, auf welche Weise das Team heranwächst. Die folgenden Erläuterungen zu den verschiedenen Phasen sollen dabei helfen.

0 – Start

In der Startphase liegt der Fokus auf Zusammenarbeit. Das Team ist vor allem damit beschäftigt, einander und die Umgebung kennenzulernen und zu einer guten Zusammenarbeit zu finden. Die Rolle der agilen Führungskraft in dieser Phase ist die des Managers. Teams entwickeln sich in dieser Phase schneller, wenn sie jemanden an ihrer Seite haben, der sie bei der Organisation und Koordination verschiedenster Aufgaben unterstützt. Das Team braucht Klarheit und Transparenz bezüglich seiner Arbeitsaufgaben, Teamübereinkünfte, kurzfristigen Zielstellungen, Arbeitsanweisungen und Urlaubsplanung. Wenn die Führungskraft dafür Verantwortung übernimmt, entsteht für das Team eine passende Umgebung, in der es seine Zusammenarbeit festigen, Vertrauen entwickeln und Erfahrungen sammeln kann. Vielleicht ist das Team noch nicht reif genug, die Prioritäten bezüglich seiner Stakeholder selbst zu managen. Dann hilft es, wenn die agile Führungskraft Klarheit schafft, von wem die Prioritäten festgelegt werden und was die übergreifenden Prioritäten sind. Sie kann das Team im Managen der Kundenerwartungen und Kundenzufriedenheit coachen. Parallel dazu unterstützt die Führungskraft das Team darin, beim Planen seiner Arbeit und dem Management seiner Stakeholder zunehmend selbstständiger zu agieren.

1 – Output

Wenn das Team diese Reifephase erreicht hat, ist es in der Lage, seine Arbeit zu planen, die Erwartungen seiner Stakeholder effektiv zu managen und diese stabil und zuverlässig zu erfüllen. Die Teamglieder wissen um ihre eigenen Kompetenzen und die der anderen. Sie erinnern einander an gegebene Zusagen. Sie geben einander Feedback in Bezug auf die Haltung und das Verhalten jedes Einzelnen, auf seinen Beitrag zum Ergebnis und die gegenseitigen Kompetenzen. Und sie wissen bereits gut, welchen Nutzen sie ihrem Kunden liefern wollen.

In dieser Phase wird die agile Führungskraft zunehmend zum Facilitator des Teams. Sie trifft immer seltener Entscheidungen für das Team, sondern unterstützt es stattdessen bei der eigenen Entscheidungsfindung. Sie bringt ihre Einsichten und Erfahrungen ein und ermuntert die Teammitglieder gleichzeitig, ihr eigenes Wissen und Können zu erweitern. Darüber hinaus hilft die Führungskraft dabei, den Nutzen des Teams für den Kunden und den zugehörigen KVI (siehe Abschnitt 1.1.4) deutlich herauszuarbeiten. Offiziell managt sie das Team noch immer, fördert jedoch eigenes Denkvermögen, ermutigt zu Teamentscheidungen, lässt die Teammitglieder aus eigenen Fehlern lernen und geht mehr und mehr auf Abstand. Viele erfolgreiche agile Führungskräfte ermutigen ihre Teams, ihre Intentionen zu hinterfragen und infrage zu stellen, auf Augenhöhe mit ihnen zu diskutieren, begründeten Widerstand zu leisten und konstruktiv kritisch zu denken und zu handeln, statt alles unbesehen und kritiklos hinzunehmen.

2 – Qualität

In Reifephase 2 ist das Team in der Lage, kontinuierlich die Qualität seiner Arbeit zu verbessern. Die Teammitglieder wissen um ihre Talente, Fähigkeiten und Fertigkeiten und geben einander Feedback zu Qualität und Reife dieser Skills. Fehlende oder noch schwache Skills werden gemeinsam durch Trainings, Weiterbildungen und gegenseitigen Wissensaustausch ausgeglichen oder entwickelt. Die agile Führungskraft wechselt in dieser Phase mehr und mehr komplett in die Rolle des Facilitators. Sie braucht nur noch selten zu intervenieren, ihr selbst fehlen zum Teil das Wissen und die Erfahrung, um das Team bei der weiteren Steigerung der Qualität seiner Arbeit zu unterstützen, und sie zieht sich zunehmend aus dem Tagesgeschäft des Teams zurück.

3 – Skalierung

In der dritten Reifephase kann das Team gut mit anderen Teams zusammenarbeiten und diese in ihrer Entwicklung hin zu einem höheren Reifegrad coachen und begleiten. Darüber hinaus sind die Teammitglieder offen für Anregungen und Tipps anderer Teams. Auf diese Weise entwickeln sich die Teams gemeinsam in ihrer fachlichen Kompetenz, Innovationsfähigkeit und Qualität weiter. Es entsteht zunehmend eine konstruktive Atmosphäre von Freude, Zusammenarbeit, Ehrlichkeit und Wissensaustausch. Die Teams regen sich gegenseitig zur Weiterentwicklung ihrer Talente an und erinnern einander an gegebene Zusagen und Vereinbarungen.

Die agile Führungskraft ist nun völlig auf die Gestaltung des kollaborativen Umfelds fokussiert. Sie inspiriert, motiviert und bestärkt Teams in der Zusammenarbeit. Sie räumt Hindernisse aus dem Weg, die Synergien und Effektivität blockieren. Sie wird nicht länger im Tagesgeschäft gebraucht. Sie eröffnet den Teams Möglichkeiten, schneller von ihren Kunden zu lernen (siehe Teil 3) und so ihren Kundennutzen zu erhöhen.

4 – Wirksamkeit

In dieser vierten Phase gelingt es, dass mehrere Teams erfolgreich zusammenarbeiten und sich kontinuierlich verbessern. Sie treffen gemeinsam gute Entscheidungen und haben bewiesen, dass sie in der Lage sind, Verbesserungen zu implementieren und gemeinsam mit dem Kunden kreative Ideen zu entwickeln. Ihr fachliches Können hat ein Niveau erreicht, dass sie »Nein« zu Arbeiten sagen können, die nicht (ausreichend) zu einem höheren Nutzen für den Kunden beitragen. Sie erhalten schnelles Kundenfeedback zu den Ergebnissen ihrer Arbeit (siehe Teil 3). Das hilft ihnen dabei, kontinuierlich zu lernen und ihre Arbeitsweise zu verbessern. Agile Führungskraft und Team begegnen sich nun nahezu auf Augenhöhe. Die Hierarchie verliert zunehmend an Bedeutung und die Führungskraft steuert nur noch über die Kultur des Umfelds (siehe Teil 4). Sie motiviert das Team, sich beständig weiterzuentwickeln, sich selbst neue Herausforderungen zu stellen und Grenzen zu verschieben.

Und danach?

Was nach Phase 4 kommt, ist für jedes Unternehmen und jeden Kontext verschieden. Um darüber eine generische Aussage treffen zu können, muss ich erst noch mehr Teams gesehen haben, die bereits eine Zeit lang in Phase 4 arbeiten. Ich erwarte, dass sich in Phase 5 eine Art Mini-Unternehmen formt: Mehrere Teams, die gemeinsam daran arbeiten, für eine konkrete Zielgruppe ein Produkt oder eine Dienstleistung zu liefern. Diese Teams übernehmen dabei, wie echte Unternehmer, Ownership für ihren gesamten kleinen Betrieb: vom Angebot bis zur Preisstrategie und vom Vertrieb bis zum Support.

2.5 Wie können Rahmenbedingungen dem Reifegrad angepasst werden?

Indem wir uns alle einig sind, dass wir auf der rechten[2] Straßenseite fahren und vor einer roten Ampel anhalten, erhöhen wir die Freiheit und Autonomie im Verkehr.

2. As in: not on the wrong side of the road ;-) [Fußnote in der englischen Ausgabe]

2.5.1 Fragen zum Einstieg

1. Wie viel Freiraum werden Sie Ihren Teams mit einem hohen Reifegrad am Ende einräumen?

2. Welche Rahmenbedingungen sind erforderlich, um die Freiheit und Selbstständigkeit von Teams zu vergrößern?

Teams mit einem hohen Reifegrad benötigen einen weiteren Rahmen für ihre Arbeit als unerfahrene Teams. Um die Ownership in Teams zu maximieren, muss die agile Führungskraft die Begrenzungen kontinuierlich dem Reifegrad anpassen. Aber wie sehen die passenden Rahmenbedingungen aus? Was sind konkrete Beispiele für mehr Freiheiten? Gibt es derart reife Teams, dass ihnen alle Freiheiten eingeräumt werden können? Oder brauchen Teams immer einen Rahmen, innerhalb dessen sie selbstorganisiert agieren?

2.5.2 Rahmenbedingungen konkret erweitern

Wenn die agile Führungskraft die Rahmenbedingungen schrittweise hin zu mehr Freiheiten erweitert, schafft sie für das Team Klarheit. Dabei ist es wichtig, dass diese Bedingungen konkret bleiben und die Schritte transparent sind. Deshalb muss es zwischen einem Zustand ohne jegliche Freiheit, bei der die Führungskraft alles vorschreibt, bis hin zu völliger Freiheit, bei der das Team alles selbst bestimmen und regeln kann, Abstufungen geben. Im ersten Schritt zu mehr Freiheit wird das Team beispielsweise einbezogen, doch die Führungskraft trifft noch immer die Entscheidung. Ein nächster Schritt könnte sein, dass Führungskraft und Team gemeinsam die Entscheidung treffen. Wieder eine Stufe weiter könnte das Team selbst die Entscheidung treffen, nachdem es die Führungskraft konsultiert hat. Am Ende erhält das Team vielleicht die Freiheit, Entscheidungen zu treffen, selbst ohne die Führungskraft darüber zu informieren. Das ist eine konkrete und praktische Herangehensweise, um sukzessive den Rahmen zu erweitern.

Die Freiheiten können sich von Thema zu Thema unterscheiden. Es gibt Themen, da erhalten schon unerfahrene Teams sehr viel Freiheit, und wieder andere, bei denen selbst sehr reifen Teams wenig Freiraum zugestanden wird. So darf oft ein junges Team seine Urlaubsplanung bereits allein regeln, wohingegen selbst ein sehr reifes Team sich nicht unbegrenzt Gehaltserhöhungen zusprechen darf. Auch für Dinge wie Budgets für Verbesserungsmaßnahmen, Teamzusammenstellung und Teambeurteilung braucht es klare Regeln, die sich mit dem Reifegrad mitentwickeln. In der Praxis erlebe ich oft, dass es schwierig ist, für derartige Themen Freiheitsgrade festzulegen. Das kommt daher, dass zum einen bestimmte Themen erst in Unterthemen zerlegt werden müssen, und zum anderen, dass sich die Erwartungen an Freiheit von Mensch zu Mensch unterscheiden. Genau dafür wurde das vierte Werkzeug des Toolkits entwickelt: die Freiheitenmatrix. Ich werde zuerst erläutern, wie Themen in Unterthemen zerlegt werden können, und dann die Freiheitenmatrix einführen.

Beispiel 1: Teamzusammensetzung

Das Maß an Freiheit rund um die Zusammensetzung des Teams zu konkretisieren ist schwierig, denn das Thema setzt sich aus verschiedenen Teilaspekten zusammen. Beispielsweise umfasst es das Einstellen neuer Mitarbeiter, das Wechseln von Teammitgliedern zwischen Teams, das Engagieren externer Unterstützung oder das Entlassen von Mitarbeitern. Für jeden dieser Aspekte muss nun das Maß an Freiheit in Abhängigkeit vom Reifegrad festgelegt werden. Ein junges Team kann wahrscheinlich schon über den Wechsel von Teammitgliedern entscheiden, aber sicher noch niemanden anhand einer Stellenbeschreibung einstellen. Diese Entscheidungsfreiheit erhält das Team erst, wenn es einen höheren Reifegrad erlangt hat. Bleibt die Frage, ob es vernünftig ist, einem Team auf einer hohen Reifestufe auch die Freiheit zu geben, einem Kollegen zu kündigen.

Beispiel 2: Beurteilung

Auch das Thema Mitarbeiterbeurteilung umfasst mehrere Teilaspekte, wie zum Beispiel informelles Feedback, positive Beurteilung, negative Beurteilung mit entsprechenden Konsequenzen und Festlegen von Bonuszahlungen und Gehaltserhöhungen. Auch hier ist es vernünftig, für jeden dieser Aspekte das Maß an Freiheit in Abhängigkeit vom Reifegrad zu konkretisieren. Es ist bestimmt gut, wenn Mitglieder eines jungen Teams sofort lernen, einander Feedback zu geben. Und es gibt sicher auch Teams mit einem hohen Reifegrad, die – auf Basis eines festen Budgets – Bonuszahlungen und Gehaltserhöhungen selbst festlegen.

2.5.3 Tool 4: Freiheitenmatrix

Alles in allem ist entscheidend, dass die Rahmenbedingungen so konkret wie möglich formuliert sind und die Freiheit schrittweise mit dem Reifegrad zunimmt. Diesen Prozess unterstützt die Freiheitenmatrix. Dieses Tool basiert auf dem *Delegation Board* von Management 3.0, entwickelt von Jurgen Appelo[3]. In der Freiheitenmatrix wird die Verbindung zwischen dem Reifegrad des Teams und dem Maß an Freiheit, das ihm für spezifische Themen eingeräumt wird, hergestellt. Durch dieses vierte Tool wird also transparent, welche Freiheiten das Team wann erhält, was wiederum die Erwartungen bezüglich der Freiheitsgrade explizit macht. Dadurch kann das Maß an Freiheit miteinander diskutiert und angepasst werden. Die Freiheitenmatrix sieht folgendermaßen aus:

3. *https://management30.com/*

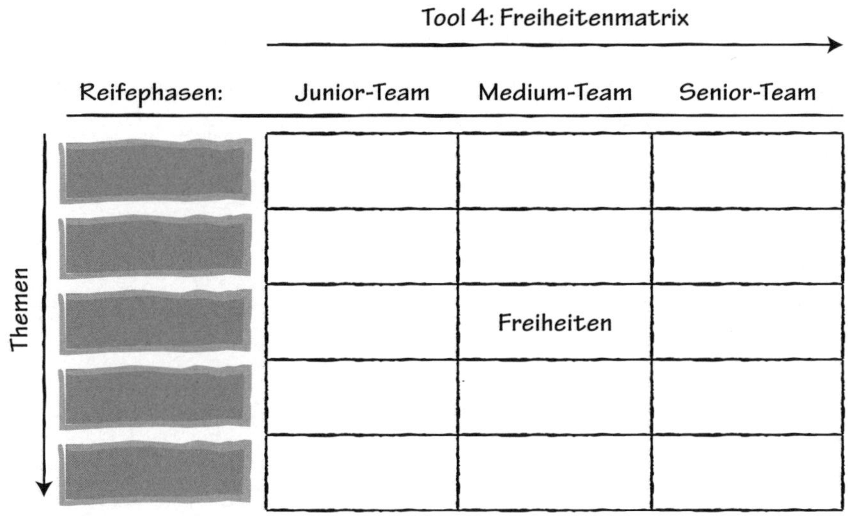

Horizontale Achse: Reifephasen

Mit den Reifephasen sind die Phasen aus den vorangegangenen zwei Abschnitten gemeint, also beispielsweise Junior-, Medium- und Senior-Team oder 1-, 2- und 3-Sterne-Team.

Vertikale Achse: Themen

Für jedes konkrete Thema wird eine eigene Zeile genutzt. Das können unter anderem die zuvor bereits genannten Themen wie das Wechseln von Teammitgliedern zwischen Teams, das Geben von informellem Feedback oder das Entlassen eines externen Mitarbeiters sein.

Zellen: Freiheiten

In den Zellen wird das Maß an Freiheit je Reifegrad für jedes Thema veranschaulicht. Diese Freiheiten sind in Stufen oder Niveaus unterteilt und so können Teams mit zunehmender Reife schrittweise mehr Freiheiten erlangen.

0 – Die Führungskraft entscheidet und informiert das Team darüber.

1 – Die Führungskraft entscheidet nach einem Brainstorming mit dem Team.

2 – Führungskraft und Team entscheiden nach einem Brainstorming gemeinsam.

3 – Das Team entscheidet nach einem Brainstorming mit der Führungskraft.

4 – Das Team entscheidet und informiert die Führungskraft darüber.

5 – Das Team entscheidet und die Führungskraft wird nicht aktiv informiert.

Die Freiheit muss nicht zwangsläufig mit zunehmendem Reifegrad wachsen. Es kann sich als äußerst sinnvoll erweisen, bei einigen Themen die Freiheit auf gleichem Niveau zu belassen. Andersherum kann ein junges oder Junior-Team sofort in einem Bereich oder Aufgabengebiet das höchste Freiheitsniveau erhalten.

Beispiel einer Freiheitenmatrix

Thema	Junior-Team	Medium-Team	Senior-Team
Bewerbungsgespräche mit neuen Teammitgliedern	4	4	5
Teammitglieder einstellen	3	4	4
Mitarbeiter entlassen	0	1	1
Bonus verteilen	0	2	4

2.6 Wann funktioniert das Ownership-Modell nicht?

Mit einem Hammer in der Hand sieht alles wie ein Nagel aus.

2.6.1 Fragen zum Einstieg

1. Worin besteht für Ihre Teams der Anreiz, einen höheren Reifegrad zu erlangen? Was bekommen sie im Gegenzug dafür?

2. Welche Ihrer Mitarbeiter trauen sich, Ihnen offenes und ehrliches Feedback zu geben?

Es existieren mehrere Randbedingungen für das Ownership-Modell. Sobald einige davon keine Beachtung finden, steigt die Wahrscheinlichkeit, dass das Ownership-Modell nicht funktioniert.

2.6.2 Teams brauchen ein gemeinsames, konkretes Ziel

Teams benötigen *ein* konkretes und gemeinsames Ziel. Die Teams können nur selbstorganisiert arbeiten, wenn klar ist, was sie erreichen müssen. Ohne ein solches Ziel kümmert sich im Team jeder um seine eigene Arbeit. Daraus entstehen Unterziele und wachsende Egos innerhalb des Teams, was oft zum Gegenteil von Ownership führt. Das Team mutiert zu einer reaktiven Gruppe, in der Kaffeeküche wird sich gegenseitig »so etwas wie Feedback« gegeben, man arbeitet nebeneinander her und der Nutzen für den Kunden leidet.

Deshalb braucht es einen KVI (siehe Abschnitt 1.1.4). Der formt ein konkretes und gemeinsames Ziel, das wichtiger ist als alle individuellen Ziele. Mit ihm kann das Team beginnen, als Ganzes auf dieses Ziel hinzuarbeiten, Ownership zu entwickeln, und es braucht – im Zuge seines Wachstums – einen größeren Handlungs- und Entscheidungsspielraum seitens seiner Führungskraft.

2.6.3 Teams sollten zu offenem Feedback an die Führungskraft fähig sein

Es erfordert offenes Feedback seitens der Teams an die Führungskraft, um Ownership zu bewahren. Teams müssen sagen können, wie ihrer Meinung nach die Dinge stehen, was ihnen Energie gibt und was sie frustriert. Denn um gute Verbesserungspotenziale zu entdecken, braucht es eine ganzheitliche Vision sowohl aus der Sicht der Führungskraft als auch der Teams. Ohne offenes Feedback untereinander und an die Führungskraft entsteht eine Kultur von Kontrolle, Misstrauen, reaktivem Verhalten und Absicherung. Und das tötet jede Form von Ownership. Um eine Kultur von offenem Feedback, Vertrauen und Lernen zu schaffen, gehen erfolgreiche agile Führungskräfte mit gutem Beispiel voran. Sie sind gegenüber der Gruppe offen für Feedback, auch für kritische Rückmeldungen. Sie stehen zu ihren Fehlern und ihren Unzulänglichkeiten und bitten das Team um Hilfe und Unterstützung, um sich kontinuierlich weiterzuentwickeln. Sie stellen heraus, worin sie gut sind, aber auch, wo ihnen Fähigkeiten und Begabungen fehlen. Sie stehen auf offene und oft humorvolle Weise zu ihren Fehlern und geben damit ihren Teams die Sicherheit, es ebenso tun zu können. So kann eine Kultur entstehen, in der Ownership gedeiht.

2.6.4 Teams müssen sich auf intelligenteres Arbeiten fokussieren

Härter arbeiten skaliert nicht. Wenn Teams härter für ihre Zielsetzungen arbeiten müssen, dann bleibt keine Zeit, um als Team zu lernen und zu wachsen. Teams mit einem hohen Reifegrad nutzen deshalb auf intelligente Weise Software, um ihre Lieferprozesse teilweise oder vollständig zu automatisieren. Auf diese Weise können sie ihren Kundennutzen vergrößern, ohne härter arbeiten zu müssen. Das gibt diesen Teams Raum und Zeit, um beständig ihre technische Expertise, ihre Zusammenarbeit *und* ihre Services zu verbessern. Erfolgreiche agile Führungskräfte bewerten solche Teams danach, was sie erreichen, statt nach dem, was sie tun. Beispielsweise also danach, was sie in puncto Kundenzufriedenheit, höherer Kundennutzen oder gesteigerter Margen erreicht haben, statt nach Anzahl der Kundengespräche, Menge von Lieferungen oder Anzahl neuer Funktionalitäten zu schauen.

2.6.5 Schnelle Lernschleife mit dem Kunden

Die Wertschätzung von Kunden ist für die Teams der ultimative Reifetest. Kunden, die durchweg mit den Leistungen des Teams zufrieden sind, arbeiten wahrscheinlich mit einem sehr reifen Team zusammen. Wenn das Team zeitnah und regelmäßig Feedback von Kunden erhält, wird ihm auch schnell klar, was es verbessern kann. Deshalb ist es für die Führungskraft wichtig, die Lernschleife mit dem Kunden zu verkürzen (siehe Abschnitt 3.2). Wenn Teams erst nach neun bis zwölf Monaten Kundenfeedback zu ihrer heutigen Arbeit erhalten, ist es sehr schwierig (und bringt beinahe keinen Nutzen), ihnen Freiheiten einzuräumen, da es so nahezu unmöglich ist, ihren Reifegrad zu beurteilen.

2.6.6 Raus aus dem jährlichen Mitarbeitergesprächs-Ritual

Häufig sind Führungskräfte beim Einstieg in die Arbeit mit dem Ownership-Modell noch im Ritual jährlicher Feedback- und Beurteilungszyklen gefangen. Dadurch werden in der Zeit, die zwischen einem Ereignis und dem Feedback vergeht, jede Menge Möglichkeiten zur Verbesserung verschenkt. Feedback und Beurteilung müssen kontinuierlich erfolgen, um beständige Verbesserung zu ermöglichen.

2.6.7 Anhaltender Fokus der Führungskraft

Wenn Führungskräfte mit dem Ownership-Modell zu arbeiten beginnen, liegt ihr Fokus auf dem Heranbilden von Reife in ihren Teams. Doch viel zu oft schwindet diese Fokussierung mit der Zeit. Erfolgreiche agile Führungskräfte halten an diesem Fokus mehrere Monate bis hin zu Jahren fest. Es braucht oft eine lange Zeit, die Teams nachweislich zur Reife zu bringen und das Umfeld kontinuierlich zu verbessern. Das schafft man nicht in ein paar Monaten. Deshalb sollte für agile Führungskräfte der wichtigste Fokus auf ihren Teams liegen. Sie sollten sie beständig fragen: Was kann ich tun, um euer Umfeld weiter zu verbessern? Und das nicht nur für ein paar Monate, sondern über einen langen Zeitraum hinweg.

Bei der Einführung dieses Modells in konkreten Unternehmen bemerke ich häufig, dass dieser Fokus nach ein paar Monaten schwindet, sobald die ersten Teams herangewachsen sind. Damit endet jedoch auch das Wachsen der Teams.

2.7 Zusammenfassung Teil 2

Agile Teams brauchen Ownership, um ihre ambitionierten Ziele zu erreichen. Ownership ist dann vorhanden, wenn Teams freiwillig Verantwortung für die von ihnen gelieferten Produkte und Dienstleistungen und die damit verbundenen Ergebnisse übernehmen. Teams mit Ownership verhalten sich anders: Sie agieren proaktiv, voller Leidenschaft und Energie, um wirklichen Kundennutzen zu liefern. Sie arbeiten zusammen, geben einander Feedback, bleiben dran, sind aufgeschlossen, offen und beständig am Lernen. Sie unterstützen andere Teams beim Wachsen. Und sie begreifen sich als die Eigentümer sowohl der Strategie als auch deren konkreter Umsetzung. Dabei haben sie verstanden, dass sie selbst für ihre eigenen Herausforderungen, Lösungen und Kunden die Verantwortung tragen. All das fühlt sich wie etwas Eigenes an, wie ein eigenes Kind. Daraus schöpfen Teams Stolz, Kreativität, Energie, Leidenschaft und Befriedigung bei ihrer Arbeit.

(Agile) Führungskräfte können Ownership nicht erzwingen. Sie können lediglich ein Umfeld schaffen, in dem Teams Ownership übernehmen können. Dabei ist es wichtig, dass die agile Führungskraft zu den richtigen Zeitpunkten eingreift oder loslässt. Diese Momente werden durch den Reifegrad des Teams bestimmt. Indem die Führungskraft dem Team ein Maß an Freiheit einräumt, das zu seinem aktuellen Reifegrad passt, schafft sie für das Team das Umfeld, in dem es Ownership übernehmen kann.

Das Ownership-Modell hilft dabei, den Zusammenhang zwischen Reifegrad und Freiheit greifbar zu machen. Danach erhalten Teams mit einem hohen Reifegrad mehr Freiraum als junge Teams, die gerade erst starten.

2.7.1 Die agile Führungskraft als Facilitator

Es liegt in der Verantwortung der agilen Führungskraft, Ownership in ihren Teams zu fördern und zu ermöglichen. Wenn die Arbeit komplex ist, Teams sich beständig weiterentwickeln und Mitarbeiter Tag für Tag kreative Lösungen finden müssen, brauchen sie Ownership, um erfolgreich zu sein. Die Führungskraft sorgt dafür, dass Teams außerhalb der ausgetretenen Pfade denken und innovative Ideen entwickeln, um Kunden wirklich zu helfen. Diese Teams warten nicht darauf, bis andere Lösungen für sie finden, noch geben sie den äußeren Umständen die Schuld. Auch wenn es hart auf hart kommt, suchen sie weiter nach Lösungen und denken in Chancen.

Darum ist die wichtigste Aufgabe der agilen Führungskraft, sich beständig in ihrer Rolle als Facilitator weiterzuentwickeln und eine Umgebung zu schaffen, in der Teams Ownership übernehmen können. Deshalb entwickelt die agile Führungskraft kontinuierlich folgende Kompetenzen weiter:

- **Dem Team Fragen zu stellen.**
  Gute Fragen steigern die Kreativität, fördern Offenheit und Transparenz. Gute Facilitatoren fördern die Zusammenarbeit und übernehmen selbst keine Ownership.
- **Dem Teamprozess Richtung zu geben.**
  Gute Teams sind in der Lage, aus den Ideen der einzelnen Teammitglieder gemeinsame, noch bessere Ideen zu entwickeln. Sie suchen nach Synergien, erarbeiten sich ein gemeinsames Bild der komplexen Situation und sind so als Team intelligenter als jeder Einzelne für sich.
- **Talente und Begabungen zu fördern.**
  Die Talente und Begabungen jedes Einzelnen sind entscheidend für den Erfolg als Team. Gute Facilitatoren erkennen und fördern die Talente der Teammitglieder und sorgen dafür, dass sie für den Erfolg des gesamten Teams eingesetzt werden.

2.7.2 Konkrete Maßnahmen

Nachfolgend einige konkrete Maßnahmen, um die Tools, Beispiele und Ideen aus Teil 2 in die Praxis zu übernehmen:

1. Stellen Sie klar heraus, was Sie von Teams mit einem hohen Reifegrad erwarten. Erläutern Sie Ihre Vision von Reife und arbeiten Sie diese zusammen mit den Teams so konkret wie möglich aus.
2. Erfragen Sie die konkreten Bedürfnisse für die Teamfreiheit. Lassen Sie sich davon überraschen. Das Teambedürfnis nach Freiheit unterscheidet sich häufig von dem, was die agile Führungskraft erwartet.
3. Machen Sie Ihre Erwartungen rund um die Entwicklung der Teams konkret. Welchen Reifegrad sollte das Team Ihrer Meinung nach innerhalb der nächsten sechs Monate erreichen. Unterstützen Sie das Team dabei, herauszufinden, was es selbst dafür tun muss und was es von Ihnen braucht, um dorthin zu gelangen.
4. Rücken Sie die Entwicklung der Teams zu mehr Reife in den Fokus der Teamretrospektiven. Sorgen Sie dafür, dass neben der Verbesserung der Arbeitsweise des Teams die Entwicklung zunehmender Reife zu einem der wichtigsten Themen der Teamretrospektiven wird.

Teil 3
Schneller lernen

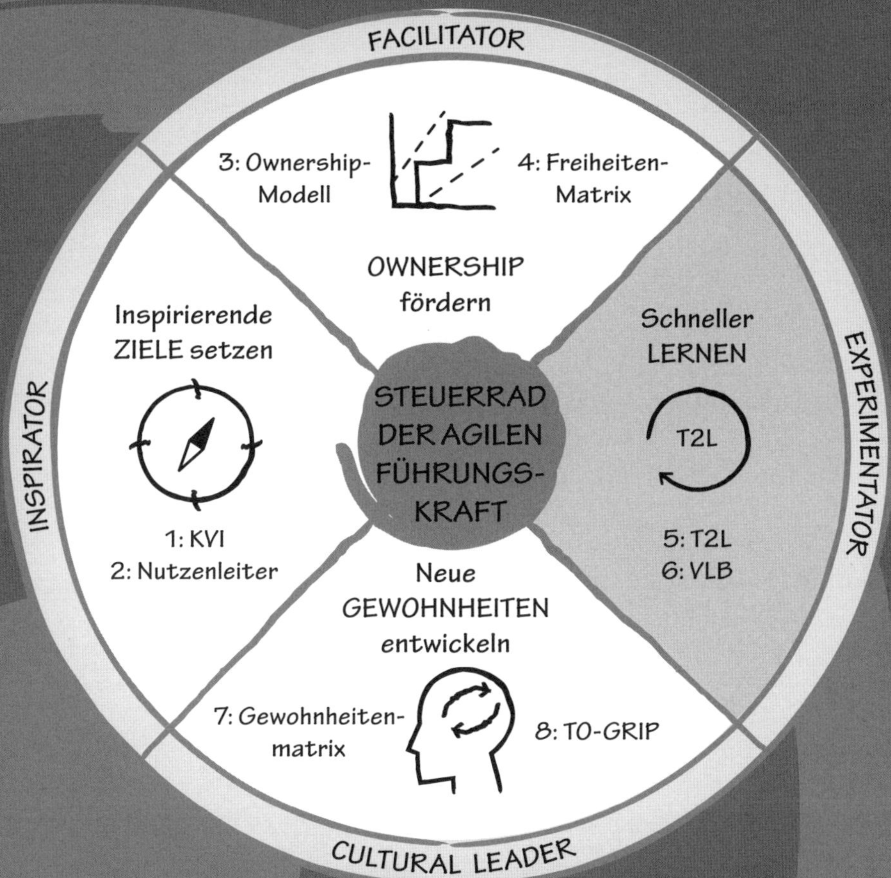

3.1 Woher wissen Sie, dass Ihre Teams das Richtige tun?

Nur wer das Essen zubereitet und kostet, kann herausfinden, ob ein Rezept gut ist.

3.1.1 Fragen zum Einstieg

1. Wie beurteilen Sie, ob Ihre Teams das Richtige tun?
2. Wann erhalten Teams Kundenfeedback zu den Entscheidungen, die sie heute treffen?

3.1.2 Prolog

Etwa 2005 begann meine Reise als frischgebackene agile Führungskraft, indem ich gleich ein großes innovatives Produkt entwickelte: Revent – *das* neue Produkt des Unternehmens. Das aktuelle Produkt gab es bereits seit gut zehn Jahren und wir waren damit Marktführer. Doch nun drohte uns die Konkurrenz zu überholen. Es wurde immer schwerer, neue Funktionalitäten hinzuzufügen, und die Art und Weise, wie wir arbeiteten, war veraltet. Wir wollten nun etwas absolut Neues schaffen, um Marktführer zu bleiben. Und so beschloss der Geschäftsführer, das neue Produkt genau *jetzt* zu entwickeln, und gab uns dafür glücklicherweise allen erforderlichen Freiraum. Wir hatten viele gute Ideen und waren fest davon überzeugt, dass dieses neue Produkt sowohl im In- als auch im Ausland die Konkurrenz schlagen würde. Rückblickend denke ich heute: Wären wir damals anders vorgegangen, hätten wir zwei Jahre später nicht ein derart großes Problem gehabt.

Ich war begeistert und voller Enthusiasmus. Wir bauten ein neues Produkt unter Einsatz neuer Vorgehensweisen und Technologien. Wir setzten Scrum ein und arbeiteten mit einer Sprint-Länge von zwei Wochen. Das heißt, alle zwei Wochen hatten wir eine neue Demoversion (*Inkrement* in Scrum) fertig, die wir dann diversen Stakeholdern zeigten. Die waren jedes Mal sehr zufrieden. Einige Monate später zeigten wir sogar Kunden im Rahmen einer Demo die Funktionalitäten einer aktuellen Produktversion. Wir waren stolz, dass wir – unter anderem dank Scrum – bereits zu diesem Zeitpunkt etwas präsentieren konnten. Die ersten Kunden waren begeistert und versicherten, dass sie das neue Produkt sofort kaufen würden. Sie waren äußerst beeindruckt von unseren intelligenten Algorithmen, die mit verschiedensten Situationen automatisch umgehen konnten.

Wir hielten uns an einen sinnvollen Projektplan, hatten im Lenkungsausschuss regelmäßige Abstimmungen mit dem Geschäftsführer und alle gängigen KPIs waren grün. Uns wurden sogar von Kunden Testszenarien übermittelt, mit denen wir das neue Produkt kontinuierlichen Tests unterzogen. Um die gute Zusammenarbeit im Team beständig zu verbessern, führten wir zwischenzeitlich Evaluationen durch (*Retrospektiven* in Scrum). Nach rund zwei Jahren intensiven Entwickelns, Testens und Einarbeitens von Feedback steuerten wir auf ein allererstes Release zu. Das war wirklich eine tolle Zeit, in der wir noch mit viel Energie zusammenarbeiteten. Es war für uns als Team eine schöne Vorstellung, unser Baby endlich der Welt zu präsentieren. Eine ausgewählte Gruppe von Kunden begann nun produktiv damit zu arbeiten. Und da erst wurde für mich zum ersten Mal ein Teil des großen tiefer liegenden Problems sichtbar. Am Ende kostete es uns noch rund ein Jahr, ehe das neue Produkt *wirklich* funktionierte.

Nach dem ersten Release kam die große Enttäuschung. Wir mussten feststellen, dass Kunden nicht auf das neue Produkt umstiegen, selbst wenn es auf vielen Gebieten viel besser war als das alte. Wir hatten wirklich intelligente Algorithmen entwickelt, die unseren Kunden das Leben viel leichter machen würden. Doch es gab einfach zu viele Ausnahmesituationen, mit denen das neue Produkt noch nicht umgehen konnte. Das blockierte unsere Kunden derart, dass sie wieder auf das bisherige Produkt zurückwechseln mussten.

Was hatten wir übersehen? Und was vergessen? Wir waren uns sicher, dass wir das Kundenfeedback gut eingearbeitet hatten, doch dabei war uns ein entscheidender Fehler unterlaufen. Das Kundenfeedback stammte aus den von uns organisierten Demos. Und dort zeigten wir das Produkt unter Laborbedingungen, in einem klar umrissenen Kontext, in dem es fantastisch funktionierte. Bis zu diesem Zeitpunkt hatten wir jedoch keinerlei Feedback aus echtem produktivem Einsatz bekommen. Diese Kunden waren Nutzer des aktuellen Produkts, aber noch nicht des neuen Produkts mit den neuen Funktionalitäten. Unser entscheidender Fehler war daher, dass wir viel zu spät eine Version bauten, die wirklich funktionierte. Wir hätten dafür sorgen müssen, dass bereits nach wenigen Monaten eine Version bereitsteht, mit der Kunden wirklich produktiv arbeiten können. Dann hätten wir anstelle von Meinungen während einer Präsentation echtes Nutzerfeedback erhalten, was mir als agiler Führungskraft enorm bei der Einschätzung geholfen hätte, ob wir als Team gerade das Richtige tun: ob wir Ausnahmefälle ausreichend berücksichtigen, ob das Produkt in der Praxis wirklich einen Mehrwert für den Kunden liefert und ob Performance, Stabilität und Qualität ausreichen. Mein Fazit: Wenn wir das Feedback von echten Nutzern bereits in einer sehr frühen Phase verarbeitet hätten, wären wir viel eher zu Anpassungen in der Lage gewesen. Und wir hätten früher über ein besseres Produkt verfügen können, das sich nach drei Jahren bereits gut verkauft hätte.

3.1.3 Arbeit im Griff haben

Wenn sich nach einiger Zeit herausstellt, dass sich die Produkte eines Teams nicht verkaufen lassen, unzuverlässig sind oder im Betrieb zu viel kosten, trägt die agile Führungskraft am Ende dafür die Verantwortung. Stellt ihr Team sicher, dass Tausende Nutzer gleichzeitig auf die Website zugreifen können? Enthalten die erstellten Reports die richtigen Zahlen und Informationen? Verspricht ihr Vertriebsteam während des Verkaufsprozesses den künftigen Kunden vielleicht zu viele Dinge, die am Ende nicht einzuhalten sind? Die agile Führungskraft will sicher sein, dass die Teammitglieder Arbeitsergebnisse auf qualitativ hohem Niveau liefern. Idealerweise sorgt sie dafür, dass das Team selbst sofort eine Antwort darauf bekommt, um entsprechend gegenzusteuern. Es ist jedoch wichtig, dass auch sie über diese Informationen verfügt, denn letztlich trägt sie die volle Verantwortung. Einerseits will die Führungskraft das Team nicht mikromanagen, detaillierte Reports einfordern oder jedes wichtige Risiko selbst nochmals überprüfen. Andererseits möchte sie ihm aber auch nicht über Jahre hinweg ohne jegliche Information blind vertrauen. Doch wie lässt sich die Balance zwischen diesen beiden Extremen finden?

Die Lösung liegt darin, schnelles Feedback von echten Anwendern zu bekommen. Das ist die sogenannte Lernschleife: der Prozess, Feedback von Nutzern einzuholen und daraus zu lernen. Die Aufgabe der agilen Führungskraft besteht darin, ein Umfeld zu schaffen, in dem Teams schnell Feedback von echten Nutzern erhalten und die Zeit bekommen, aus diesem Feedback zu lernen. Anschließend können die agilen Teams ihre Lernschleife selbst weiter justieren. Ich werde im Folgenden erklären, worin diese Lernschleife genau besteht und wie die Teams sie für sich anpassen können.

Anhand des Feedbacks von Kunden, die ein Produkt oder eine Dienstleistung wirklich benutzen, kann eine agile Führungskraft herausfinden, ob ihre Teams qualitativ hochwertige Arbeit leisten. Setzen Teams die Lernschleife täglich ein, dann verarbeiten sie kontinuierlich Nutzerfeedback und verbessern so ihre Produkte und Dienstleistungen.

Sind die Benutzer zufrieden, haben die Teams gute Arbeit geleistet. Wenn sich die Benutzer darüber hinaus positiv dazu äußern, auf welche Weise ihr Feedback zur Verbesserung der Produkte und Dienstleistungen beiträgt, ist die Qualität der Arbeit der Teams noch höher einzustufen. Und wenn Tausende oder gar Millionen von Kunden zufrieden sind, dann haben die Teams qualitativ das Richtige getan. Aus diesem Grund motiviert und unterstützt eine agile Führungskraft ihre Teams, kontinuierlich aus dem Feedback echter Benutzer zu lernen.

> *Eine agile Führungskraft motiviert und unterstützt ihre Teams dabei, kontinuierlich vom Feedback echter Benutzer zu lernen.*

Es folgen einige Beispiele für Unternehmen, die anhand von Nutzerfeedback kontinuierlich Verbesserungen vornehmen.

ING ist eine in den Niederlanden gegründete Bank. Sie entwickelte eine App für einfaches, benutzerfreundliches Banking. Mit der ersten Version konnten die Kunden von ING lediglich ihren Kontostand abrufen. In der Folge verbesserte ING die App stetig in kleinen Schritten und implementierte neue Funktionalitäten. Durch die Einbeziehung von Nutzerfeedback war ING besser in der Lage, die Bedürfnisse ihrer Nutzer zu erkennen und zu berücksichtigen. Das führte dazu, dass andere und bessere Entscheidungen bezüglich der Funktionalitäten der Banking-App getroffen wurden. Heutzutage können Nutzer nach Zahlungsein- und -ausgängen suchen, Sparkonten anlegen und Zahlungsanforderungen deaktivieren. Die agile Herangehensweise führte zu einer App, die viele Kunden täglich äußerst zufrieden nutzen.

Bei seiner Einführung war YouTube in erster Linie als eine Dating-Seite gedacht, auf der Nutzer einen eigenen TV-Kanal (tube) eröffnen konnten, um so den zukünftigen Partner zu finden. Durch die Berücksichtigung von Kundenfeedback wurde die Vision der Website geändert und sie wird heute für alle möglichen Arten von Videos genutzt. Heute ist YouTube in erster Linie *nicht* als Dating-Seite bekannt.

Als Twitter eingeführt wurde, waren Codes wie #hashtag @at noch nicht bekannt. Diese sind eigentlich spontan entstanden, da einige Anwender angefangen haben, sie zu verwenden. Twitter nutzte dieses Feedback für Innovationen und baute unter anderem Suchfunktionen und Trendauswertungen rund um diese Tags. Ironischerweise fand Twitter-Gründer Evan Williams den Gebrauch solcher Codes zu nerdig und benutzte sie deshalb selbst nicht. Doch weil rechtzeitig auf das Nutzungsverhalten echter Anwender eingegangen wurde, werden diese Codes nun generell auf Twitter verwendet.

Statt alle möglichen detaillierten Reports anzufordern, Risiken wiederholt zu prüfen oder nach Forecasts zu fragen, agiert die agile Führungskraft oft effektiver, wenn sie Zeit in die Optimierung der Lernschleife investiert. Die beste Informationsquelle, ob Teams das Richtige tun oder nicht, ist kontinuierliches und häufiges Feedback von echten Benutzern. Doch was ist eine gute Lernschleife? Was bedeutet kontinuierlich und häufig? Und wie kann eine Führungskraft diese Lernschleife optimieren? Auf diese Fragen werde ich in den nächsten Abschnitten und Kapiteln eingehen.

3.1.4 Was ist die Lernschleife?

Als Lernschleife wird der zyklische Prozess bezeichnet, bei dem Kundenfeedback eingeholt und ausgewertet wird, daraus Lernerfahrungen abgeleitet und anschließend Verbesserungen am Produkt vorgenommen werden. Für die Teammitglieder ist die Lernschleife ein Mittel, um herauszufinden, ob sie das Richtige tun. Auf Basis neuer Erkenntnisse können sie so selbst schnell Kurskorrekturen vornehmen. Durch Einführung der Lernschleife wird das Team also selbstorganisierter und agiler. Sie lässt sich folgendermaßen visualisieren:

3.1.5 Die fünf Schritte der Lernschleife

Bei der Lernschleife durchläuft das Team die folgenden fünf Schritte:

1. Skizzieren
In diesem ersten Schritt denken Team, Stakeholder und Kunden gemeinsam über verschiedenste Ideen nach, um das Produkt oder die Dienstleistung zu erweitern. Für die wichtigsten Ideen wird eine Skizze erstellt – in Form einer Zeichnung, Illustration oder Beschreibung. »Skizze« bedeutet, dass noch nicht alles detailliert ausgearbeitet werden muss, denn das passiert in den folgenden Schritten. Das Skizzieren steigert die Kreativität und schafft Raum für neue frische Lösungen.

2. Bauen

Im nächsten Schritt arbeitet das Team die wichtigsten Ideen aus und baut sie in das Produkt oder die Dienstleistung ein. In Zusammenarbeit mit Stakeholdern und Kunden werden vom Team die Details der Ideen ausgearbeitet. In der Zwischenzeit liefert das Team immer wieder Demos an Stakeholder und Kunden, und zwar aus den folgenden Gründen:

a) Klären, ob die Details richtig umgesetzt sind.

b) Miteinander weitere Details abstimmen.

c) Einen möglichen Lieferzeitpunkt benennen.

3. Liefern

Sobald die Ideen umgesetzt sind, kann das Produkt oder die Dienstleistung in einer erweiterten Version geliefert werden. Je kürzer dieser Schritt ist, umso eher können die Anwender die Erweiterungen nutzen und das Team kann von den Benutzern lernen.

4. Benutzen

In diesem Schritt wird das Produkt aktiv von den Kunden genutzt; es handelt sich also nicht um eine Demo-Anwendung. Während der Nutzung achtet das Team darauf, wie viel und welches Feedback von Kunden eingeht. Das kann sowohl positiv als auch negativ sein. Außerdem können Kunden hartes und weiches Feedback geben. Hartes Feedback sind beispielsweise Besucherzahlen, die Konversionsrate, Nutzungskennzahlen und die prozentuale Nutzung je Region. Weiches Feedback können Reaktionen per E-Mail, Berichte in sozialen Medien, Evaluationen, Kundenbesuche und Interviews sein. Dieser Schritt der Lernschleife endet nach einer vorher festgelegten Zeitspanne oder wenn genug Feedback eingegangen ist, um es ins Produkt oder die Dienstleistung einzuarbeiten. Meist dauert das einige Tage oder Wochen. Wenn jedoch schon nach fünf Minuten Nutzung durch den Kunden klar ist, dass das Produkt nicht funktioniert, kann sofort zum nächsten Schritt übergegangen werden.

5. Lernen

Nun liegt der Fokus auf dem Lernen. Das Team untersucht das harte und weiche Feedback und lernt daraus, welche Ideen in der Praxis gut funktioniert haben und welche nicht. Dadurch entwickelt sich das Team weiter und ist zunehmend besser in der Lage, Produkte und Dienstleistungen zu bauen, mit denen die Kunden zufrieden sind. Zudem kann das Team auf der Basis des Feedbacks bestehende Ideen anpassen oder verwerfen und neue Ideen skizzieren. Damit ist die Lernschleife ein Mal komplett durchlaufen und der folgende Zyklus kann wieder bei Schritt 1 beginnen.

Hätten wir doch nur schon 2005, beim Bau des neuen Produkts Revent, von der Existenz der Lernschleife gewusst! Dann hätten wir viel früher Feedback von den Anwendern bekommen und so bessere Entscheidungen treffen und das finale Produkt weiter verbessern können.

Fünf Tipps für den Einsatz der Lernschleife

- ✔ Lassen Sie den Kunden das Produkt oder die Dienstleistung wirklich produktiv nutzen.
- ✔ Holen Sie regelmäßig Feedback ein.
- ✔ Nehmen Sie sich die Zeit, um aus dem Feedback zu lernen.
- ✔ Nehmen Sie Verbesserungen vor.
- ✔ Testen Sie die implementierten Verbesserungen in der Praxis.

Wie kann also die agile Führungskraft wissen, ob ihre Teams das Richtige tun? Aus dem vorher Gesagten folgt, dass die Lernschleife entscheidend ist, um eine Antwort auf diese Frage zu erhalten. Denn ohne Lernschleife ist es für die Führungskraft nahezu unmöglich, herauszufinden, ob die Arbeit ihrer Teams in die richtige Richtung geht. Doch wenn die Teams die Schritte der Lernschleife durchlaufen, verhilft das Endkundenfeedback der Führungskraft zu realen Einschätzungen. Ist die Mehrheit der Kunden häufig zufrieden, kann sie daraus folgern, dass die Teams gute Arbeit leisten.

Wichtig ist, dass die verschiedenen Schritte der Lernschleife von den Teams schnell durchlaufen werden. Darauf werde ich im folgenden Abschnitt ausführlicher eingehen.

3.1.6 Die agile Führungskraft als Experimentator

Erfolgreiche agile Führungskräfte unterstützen und begleiten ihre Teams bei der Durchführung von Experimenten. Sie schaffen eine sichere Umgebung, in der die Teams aus Fehlern, Experimenten und Versuchen lernen können. Darüber hinaus teilt die Führungskraft gern die Ergebnisse der Experimente mit anderen Abteilungen und dem höheren Management – selbst wenn sie negativ ausfallen und (vielleicht) unangenehme Konsequenzen haben. Die Teams solcher Führungskräfte haben die Lernschleife in ihre tägliche Arbeit integriert. Die Rolle der agilen Führungskraft ist die des Experimentators – sie tritt als Mentor der Experimente auf und hat folgende Aufgaben, damit das Team schnell und sicher lernen kann:

- Das Team coachen, um jeden Schritt der Lernschleife zu durchlaufen. Wichtig ist, dass auch unter Zeitdruck keine Schritte ausgelassen oder zu schnell durchlaufen werden.
- Dafür Sorge tragen, dass das Team lieber frühes Feedback von Anwendern einholt, statt härter zu arbeiten, um kurzfristige Ziele zu erreichen.
- Das Team dazu motivieren, offen für dieses Feedback zu sein, statt an Annahmen, Vermutungen und Ansichten festzuhalten. Es ist immer besser, weiter nachzufragen und für erfrischende Ideen von Kunden offen zu sein.
- Erklären, weshalb strukturiertes Reporting über Kundenzufriedenheit so wichtig ist.
- Bei hoher Kundenzufriedenheit dem Team viel Wertschätzung und Raum zum Experimentieren geben. Es hat dann einen hohen Reifegrad erreicht und braucht viel Freiraum, um motiviert zu sein (siehe Teil 2).
- Ist die Kundenzufriedenheit niedrig, dem Team zunächst viele offene Fragen stellen. Also unterstützen, begleiten und – falls erforderlich – eingreifen, um die Zufriedenheit der Kunden zu erhöhen.
- Gemeinsam mit dem Team überlegen, was es daran hindert, die Lernschleife schneller und reibungsloser zu durchlaufen. Diese Hindernisse dann beseitigen oder das Team ermächtigen, sie selbst aus dem Weg zu räumen. Teilweise liegen die Ursachen von Behinderungen bei anderen Mitarbeitern oder Abteilungen. Deshalb ist es wichtig, sich mit anderen Führungskräften zu beraten und gemeinsam mit ihnen Entscheidungen zu treffen.

3.2 Wie schnell lernen Ihre Teams von Anwendern?

Wer heute der Beste ist und nicht schnell genug lernt, ist schon bald nicht mehr der Beste. In einem komplexen, unberechenbaren und dynamischen Markt ist es entscheidend, dass Teams schnell wissen, ob sie das Richtige tun.

3.2.1 Fragen zum Einstieg

1. Welche Art von Feedback haben die Anwender in letzter Zeit gegeben?
2. Wie viel Zeit wird pro Woche darauf verwendet, von den Nutzern zu lernen?

Die Lernschleife verschafft Klarheit darüber, ob Teams das Richtige tun. Aber erhalten sie diese Informationen auch schnell genug? Denn es hilft nichts, wenn die Teams erst nach einem Jahr erfahren, ob sie heute das Richtige tun. Das ist so, als würde man eine halbe Stunde lang mit verbundenen Augen Auto fahren oder als Koch nicht wissen wollen, ob das Essen den Gästen heute schmeckt. In einem komplexen, unberechenbaren und dynamischen Markt ist es entscheidend, dass Teams schnell erfahren, ob sie an den richtigen Dingen arbeiten. Sie müssen wissen, ob das, was sie tun, noch zu den sich ständig ändernden Anforderungen passt. Darum ist es wichtig, dass die Lernschleife schnell durchlaufen wird bzw. die Teams eine hohe Lerngeschwindigkeit an den Tag legen. Je schneller, desto früher wird klar, ob Teams das Richtige tun. Das gibt den Teams ein ausgezeichnetes Reaktionsvermögen, um mit unerwarteten Situationen schnell umgehen zu können. Kann man diese Geschwindigkeit messen? Und wenn ja – wie?

3.2.2 Tool 5: Time-to-Learn (T2L)

Es lässt sich auf verlässliche Weise ermitteln, wie schnell das Nutzerfeedback verarbeitet wird bzw. wie hoch die Lerngeschwindigkeit eines Teams ist. Dazu wird die Zeit gemessen, die es braucht, die Schritte 1 bis 5 der Lernschleife (von Skizzieren bis Lernen) zu durchlaufen. Diese Zeitspanne heißt *Time-to-Learn* (T2L).

T2L

Time-to-Learn (T2L) ist die Zeitspanne, die in Summe zum Skizzieren einer Idee oder einer Verbesserung, zum Bauen, Liefern an den Anwender und Lernen von deren Nutzung gebraucht wird.

Die T2L beinhaltet, die Produktänderung feiner zu spezifizieren, zu designen, zu entwickeln, zu testen, zu integrieren, auf den Markt zu bringen, Anwender wirklich damit arbeiten zu lassen, Feedback und statistische Daten über die Nutzung zu sammeln, diese Daten auszuwerten und daraus zu lernen.

Die T2L basiert auf der Durchlaufzeit[1], die häufig in Produktionsumfeldern genutzt wird, und auf der Time-to-Market[2]. Diese beiden Metriken messen den Prozess bis zum Kunden. Sie vernachlässigen allerdings das Feedback und die Daten von echten Anwendern. In komplexen Umfeldern ist dieses Feedback jedoch entscheidend, um einschätzen zu können, ob sich der Markt verändert hat und auf welche Weise kontinuierlich der reale Nutzen für den Kunden erhöht werden kann. Es ist die Aufgabe der agilen Führungskraft, das Umfeld ihrer Teams ständig so zu verbessern, dass sie schneller lernen können.

Je kürzer die T2L, desto höher ist die Lerngeschwindigkeit. Das lässt sich anhand einer Reise von Berlin nach Amsterdam verstehen. Je kürzer die Reisezeit, desto größer muss die Reisegeschwindigkeit gewesen sein. Indem die T2L verkürzt wird, erhöht sich also die Lerngeschwindigkeit. Durch Verbessern der T2L wird schneller Feedback von Endanwendern eingeholt und davon gelernt.

Nachfolgend einige T2L-Beispielberechnungen:

	Skizzieren	Bauen	Liefern	Benutzen	Lernen	T2L
1	2 Monate	3 Monate	1 Monat	3 Monate	1 Monat	10 Monate
2	0,5 Monate	1,5 Monate	0,5 Monate	2 Monate	0,5 Monate	5 Monate
3	1 Woche	3 Wochen	0 Tage	1 Woche	1 Woche	6 Wochen

Im ersten Beispiel beträgt die T2L zehn Monate. Das bedeutet konkret, dass ein Managementteam, das Anfang Februar die strategische Entscheidung trifft, ein neues Produkt auf den Markt zu bringen, Ende November weiß, ob es die richtigen Entscheidungen getroffen hat. Erst dann ist nämlich ausreichend Feedback von realen Benutzern verarbeitet. Bis dahin haben sie alle Entscheidungen auf Basis von Vermutungen und Annahmen getroffen. Wenn sie dann Ende November beschließen, Verbesserungen am Produkt vorzunehmen, dauert es wieder zehn Monate, ehe sie davon etwas gelernt haben. Deshalb ist es entscheidend, dass sich das Managementteam auf eine Verkürzung der T2L fokussiert. Schon durch Verbesserungen an einigen wenigen Stellen kann sich die T2L relativ schnell verkürzen. Dazu einige Beispiele:

---

1. *https://de.wikipedia.org/wiki/Durchlaufzeit*
2. *https://de.wikipedia.org/wiki/Time-to-Market*

- Durch Fokussierung auf einen kleineren Kundenkreis, anstatt alles für jeden lösen zu wollen, kann sich der Schritt »Bauen« signifikant verkürzen (mehr Beispiele sind in Abschnitt 3.4 zu finden).
- Bei einer schlankeren Lösung kann das Feedback von Anwendern oft schneller eingeholt werden.
- Indem über Abteilungsgrenzen hinweg eine gemeinsame Fokussierung geschaffen wird und vor allem Wartezeiten verkürzt werden, kann die Durchlaufzeit erheblich verringert werden.

Mit diesen Maßnahmen lässt sich für das oben beschriebene Beispiel die T2L relativ schnell auf fünf Monate verkürzen.

Mehr Agilität durch kürzere T2L

Unternehmen mit einer langen T2L erhalten zu ihren strategischen Entscheidungen erst Monate oder sogar Jahre später Nutzerfeedback. Unternehmen mit einer kurzen T2L verfügen darüber schon viel früher. Je höher die Lerngeschwindigkeit, desto schneller können Unternehmen auf Entwicklungen reagieren. Das heißt: Je kürzer die T2L, desto höher ist die strategische Agilität einer Organisation. Denn die Agilität einer Organisation wird bestimmt durch die Zeit, die sie braucht, um eine Kursänderung vorzunehmen, plus die Zeit, die nötig ist, um herauszufinden, ob das eine Veränderung zum Guten war. Ohne Letzteres werden Veränderungen blind und zufällig eingeleitet. Agile Organisationen sind in der Lage, sowohl schnelle Kursänderungen vorzunehmen als auch schnell Feedback zum neuen Kurs einzuholen.

3.2.3 T2L in der Praxis

Wie kann nun die T2L in der Praxis eingeführt werden? Zuallererst, indem sie standardmäßig in die verschiedensten wöchentlichen und monatlichen Reports von Projekten, Verbesserungsinitiativen, Teamübersichten, Produkten u. Ä. aufgenommen wird. Auf diese Weise entsteht deutlich mehr Fokus auf die Verbesserung der Lerngeschwindigkeit.

Dabei hilft es, bereits beim Erstellen von Plänen auf eine kurze T2L hinzuarbeiten. Indem zum Beispiel in Phasen ausgerollt wird, statt alles auf einmal zu liefern, wird die T2L deutlich geringer. Daneben ist sie ein guter Risikoindikator: Eine niedrige T2L bedeutet geringeres Risiko. Durch zeitiges, echtes Nutzerfeedback wird bereits zu einem frühen Zeitpunkt sichtbar, ob das Projekt realisierbar ist und Kundennutzen schafft.

Was ist ein gutes Verhältnis zwischen der Dauer eines Projekts, einer Initiative oder Anpassung und der zugehörigen T2L? Für ein Projekt mit einer erwarteten Dauer von zwölf Monaten ist eine T2L von drei Monaten passend. Je kürzer, desto besser. Für ein Projekt mit einer Laufzeit von vier Monaten ist eine T2L von einem Monat ein guter Einstieg. Eine geeignete Faustregel ist also: T2L gleich ein Viertel der Projektlaufzeit. In der Praxis haben mittelgroße Unternehmen anfangs häufig eine T2L von gut neun Monaten bis zu mehr als einem Jahr. Das sind durchaus normale Zahlen, ehe sie zu messen und zu verbessern beginnen. Die T2L von Unternehmen, die bereits eine Zeit lang strukturelle Verbesserungen durchgeführt haben, liegt zwischen zwei und vier Monaten. Und agile Teams mit einem hohen Reifegrad, die Anwendern mehrmals pro Woche Releases ausliefern, haben eine T2L von unter zwei Monaten.

Zusammenfassend kann man sagen, dass mit der T2L die Lerngeschwindigkeit von Teams gemessen werden kann. Diese Kenngröße gibt an, wie schnell agile Teams von Anwendern lernen. Das Verkürzen der T2L erhöht die Lerngeschwindigkeit. Eine niedrigere T2L bedeutet somit eine Verbesserung. Die T2L ist für die agile Führungskraft ein praktisches Werkzeug, um die Organisation im Griff zu behalten. Und zudem ist sie ein guter Indikator dafür, ob Teams schnell genug lernen und ob sie das Richtige tun. Indem die T2L beispielsweise in Reports, Verbesserungsinitiativen und Projekte aufgenommen wird, kommt sie im gleichen Moment praktisch zum Einsatz. Es ist Aufgabe der agilen Führungskraft, für Transparenz und Verbesserung der T2L zu sorgen.

Mittels der T2L zu steuern bietet noch vier weitere Vorteile, die ihre Bedeutung zusätzlich unterstreichen.

3.2.4 Vier weitere Vorteile einer kürzeren T2L

Vorteil 1: Geringere Cost of Delay

Wenn ein Analyst oder ein Programmierer nach dem Mittagessen seine Arbeit vom Vormittag wieder aufnimmt, braucht er nur wenige Minuten, um sich wieder in seine Aufgabe zu vertiefen. Werden Aufgaben erst nach etlichen Wochen fortgesetzt, kostet das deutlich mehr Zeit. Je mehr Zeit verstreicht, umso länger ist man also damit beschäftigt, sich wieder einzuarbeiten. Für geistige Arbeit, kreative Aufgaben und sehr spezielle Tätigkeiten ist das ein schlummernder Kostenfaktor, dem viel zu wenig Aufmerksamkeit geschenkt wird: die sogenannten Cost of Delay (Verzögerungskosten). Je länger Dinge liegen bleiben, desto teurer wird es, an ihnen weiterzuarbeiten. Das Beschwerliche an diesen Cost of Delay ist, dass sie kaum messbar sind. Eine indirekte Methode besteht darin, die Differenz zwischen Durchlaufzeit und aufgewandter Zeit zu ermitteln. Wenn etwas innerhalb von vierzig Stunden erledigt ist, jedoch zwei Monate dabei vergehen, sind sicher hohe Cost of Delay zu erwarten.

Das Verkürzen der T2L senkt somit automatisch die Cost of Delay. Arbeitsergebnisse werden schnell an die Kunden geliefert und von deren Feedback wird schnell gelernt, wodurch wieder schnell Verbesserungen vorgenommen werden können. Die involvierten Mitarbeiter müssen sich deshalb nur noch selten mit Dingen beschäftigen, an denen sie vor längerer Zeit gearbeitet haben. Dadurch entstehen geringere Cost of Delay.

Vorteil 2: Geringere Cost of Change

»Wir haben jetzt schon so viel investiert, da machen wir besser weiter«, »Wenn du das eher gesagt hättest, dann hätte ich nicht alles noch mal machen müssen«, »Jetzt, wo ich das weiß, hätte eine einfachere Lösung auch gereicht« sind oft gehörte Aussagen. Sind schon etliche Monate Aufwand in ein neues Produkt oder seine Erweiterung geflossen, fällt Aufhören viel schwerer, als wenn bis dahin deutlich weniger Zeit investiert wurde. Das liegt daran, dass die Kosten, um das Projekt zu stoppen, dann höher sind. Denn wenn etwas noch einmal komplett neu gebaut werden muss, dann bedeutet das oft, erst das Bestehende zurückzubauen und dann auf die neue Weise wieder zu implementieren. Diese doppelten Kosten heißen Cost of Change (Änderungskosten). Wenn nach drei Monaten beschlossen wird, der Entwicklung eines Produkts eine völlig neue Richtung zu geben, verursacht das andere Kosten, als wenn diese Entscheidung erst nach zehn Monaten gefällt wird. Deshalb sorgt eine niedrige T2L auch für geringere Cost of Change.

Vorteil 3: Höhere Teammotivation

Ein Team hat in der letzten Woche intensiv daran gearbeitet, eine neue Produktversion auszuliefern. Zu Beginn dieser Woche erhält es bereits begeistertes Feedback von den Anwendern. Das gibt eine Menge Motivation. Stellen Sie sich nun ein anderes Team vor, das erst Monate später Feedback erhält. Das führt zu Demotivation oder Passivität. Eine verbesserte T2L fördert also die Motivation und die Zusammenarbeit im Team. Teammitglieder haben bereits neue Ideen für die nächste Auslieferung. Zudem sehen die Anwender die Auswirkungen ihres Feedbacks nun binnen weniger Wochen in einem neuen Produktinkrement. Ihre Ideen sind in die Funktionalitäten eingeflossen. Dadurch verbessert sich die Zusammenarbeit mit den Kunden signifikant und das Team erhält wertvollere Rückmeldungen. So trägt eine kürzere T2L zu höherer Teammotivation bei.

Vorteil 4: Höhere Liquidität

Eine lange T2L lässt sich mit hohen Lagerbeständen in einer Fabrik vergleichen: Die Liquidität sinkt. Waren sind schon eingekauft, ohne dass etwas verkauft wurde. Dadurch liegt viel Geld im Lager auf Halde, das bei geringeren Lagerbeständen eine höhere Liquidität bedeuten könnte. Dasselbe gilt für die Arbeit von Teams, die noch nicht im produktiven Einsatz ist. Die Mitarbeiter haben viel Zeit in das Entwickeln oder Anpassen von Produkten und Dienstleistungen investiert, doch sie liegen im wahrsten Sinne des Wortes noch im Lager. Die Arbeit ist »noch nicht verkauft«. Die T2L ist ein guter Indikator für diesen Vorrat an »nicht verkaufter Arbeit«. Wenn man die T2L mit einem internen Verrechnungssatz multipliziert, werden diese Lagerbestände transparent. Die T2L markiert den Moment, an dem wir Feedback von unseren Kunden erhalten und aus der investierten Zeit lernen. Indem also die T2L verringert wird, kann die Liquidität erhöht werden, weil sich so die Zeitspanne verkürzt, nach der Produkte Geld einbringen.

Im folgenden Abschnitt erläutere ich, wie Teams ihre Arbeit Tag für Tag noch transparenter gestalten können und so noch schneller lernen.

3.3 Wie wird die Lernschleife praktisch angewendet?

»Ich recycle einfach meine guten Vorsätze vom letzten Jahr.«[3]

---

3. neef Karel van Loesje, *www.loesje.nl*

3.3.1 Fragen zum Einstieg

1. Wo wird das Nutzerfeedback gesammelt?
2. Wird das Durchlaufen der Lernschleife visualisiert?

Während der vergangenen Jahre war ich auf der Suche nach einem praktischen Tool, mit dessen Hilfe Teams jeden Tag mit der Lernschleife arbeiten können. Es sollte Teams unterstützen, sich in ihrem Arbeitsalltag auf Lernen, Einholen von Feedback und schnelles Reagieren auf die neuesten Erkenntnisse zu fokussieren. Denn die Lernschleife und das Reduzieren der T2L sind bedeutsam, doch in der Praxis kam davon bis dato kaum etwas zum Tragen. Das führte zur Entwicklung des *Validated Learning Board* (VLB). Dieses Board liefert eine Übersicht, welche Arbeitspakete sich aktuell in welchem Schritt der Lernschleife befinden. Sobald ein Arbeitspaket in den nächsten Schritt wechselt, wird das Board aktualisiert und die zugehörige Karte umgehängt. Dieses Board kann sowohl als physische Übersicht an der Wand hängen als auch elektronisch in einem Tool gepflegt werden. Ein physisches Board sorgt jedoch häufig für höhere Interaktion und die Einbeziehung des gesamten Teams.

Wenn Stakeholder und Kunden auf den neuesten Stand von Produkten und Dienstleistungen gebracht werden sollen, kann das Board genutzt werden, um eine Gesamtübersicht über die Lernschleife zu geben. Auf diese Weise erhalten sie schnell Einblick, mit welchen Ideen sich das Team gerade auseinandersetzt, auf welche Art und Weise ihr Feedback verarbeitet wird und welche Konsequenzen und Lernerfahrungen sich daraus ergeben haben.

Wird das VLB sowohl täglich zur besseren Planung der Arbeitspakete als auch bei Beratungsgesprächen mit Stakeholdern und Kunden genutzt, wird es zu einem praktischen Werkzeug für agile Teams, die täglich mit der Lernschleife arbeiten und ihre T2L verbessern. Das VLB ist ein Kanban-Board[4], das nicht nur die internen Prozesse, sondern die Arbeit über den gesamten Verlauf der Lernschleife visualisiert.

3.3.2 Tool 6: Validated Learning Board (VLB)

Es bedarf einer einfachen und klaren Übersicht, um konkret mit der Lernschleife arbeiten zu können. Denn das Problem dabei ist, dass sich ein Produkt oder ein Service in allen Phasen der Schleife gleichzeitig befindet. Während beispielsweise Benutzer neue Funktionalitäten testen, werden zur gleichen Zeit andere Dinge gebaut und neue Ideen skizziert. Das VLB liefert eine Übersicht, was sich in welchem Schritt der Lernschleife befindet.

4. *https://de.wikipedia.org/wiki/Kanban-Board*

Das VLB besteht aus sechs Spalten, wobei jede einen Schritt in der Lernschleife verkörpert (Skizzieren, Bauen, Liefern, Benutzen und Lernen). Die sechste und letzte Spalte ist mit »Done« oder »Gelernt« überschrieben. In jeder Spalte sind für die Teams die Arbeitspakete aufgeführt, die sich in der entsprechenden Phase der Lernschleife befinden. Idealerweise gibt es je Produkt oder Service ein eigenes VLB. Arbeiten viele Teams gemeinsam an einem Produkt oder Service, dann ist es praktisch, ein VLB je Team zu haben.

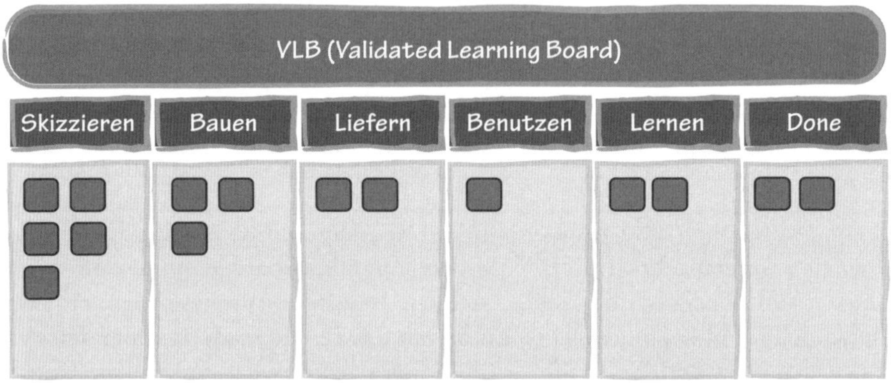

Sobald eine der Ideen oder Funktionalitäten in den folgenden Schritt der Lernschleife wechselt, wird das Board sofort aktualisiert. So bleibt es immer aktuell und Kollegen und Kunden können sich schnell ein Bild vom aktuellen Status der Lernschleife machen.

Die Karte auf dem Board

Eine Karte auf dem Board sieht oft folgendermaßen aus:

Kurze Beschreibung *Thema*

User Story:

Als <Rolle> will ich <Funktionalität> um <Nutzen>.

Startdatum *Lieferdatum* *Lerndatum* *# Tool*

- **Kurze Beschreibung**
  Mit wenigen Worten wird umrissen, worum es geht, beispielsweise »Reporting je Zielgruppe«, »Passwort vergessen« oder »Dashboard für neue Benutzer«.
- **User Story**
  Hier stehen ein oder zwei Sätze mit etwas mehr Information für eine bessere Lesbarkeit. Es kann davon ausgegangen werden, dass Stakeholder wissen, worum es geht. Die Stärke liegt in schneller Lesbarkeit, nicht in den Details, denn die finden sich im Tool für das gesamte Backlog (z.B. Excel, TFS, Jira oder Trello).
- **Thema**
  Oft gehören Karten zu einem bestimmten Thema, beispielsweise »Guter erster Eindruck« oder »Einfaches Reporting«. Idealerweise wird das Thema durch ein Icon visualisiert, das erhöht die Wiedererkennung. Alternativ können auch farbige Karten verwendet werden.
- **Startdatum, Lieferdatum, Lerndatum**
  Es ist praktisch, diese drei Zeitpunkte festzuhalten. So kann im Nachhinein die T2L dieser Karte berechnet werden.
- **# Tool**
  Die ID der Aufgabe im Tool, über die schnell mehr Details gefunden werden können.

Wie detailliert soll die Arbeit wiedergegeben werden?

Die Aufgaben auf dem VLB sind nicht besonders detailliert, sondern entsprechen eher größeren Arbeitspaketen – also nicht eine Karte pro Reportspalte oder Dialog-Button, sondern eher pro Teilthema. Dadurch wird die Anzahl der Karten beschränkt und die Übersichtlichkeit bleibt gewährleistet. Das Detailniveau sollte von der aktuellen T2L abhängen. Bei einer T2L von einem halben Jahr steht jede Karte auf dem Board für ein größeres Thema. Beträgt die T2L hingegen nur wenige Monate, dann können Karten mit detaillierteren Aufgaben am Board hängen.

Öffentlicher Ort, dicht beim Team

Der beste Platz für ein VLB ist eine frei zugängliche Wand dicht beim Team. Das kann beispielsweise im Gang in der Nähe des Teams sein oder im Teamraum neben den anderen Übersichten wie Roadmap, Statistiken, KVI, Verbesserungsmaßnahmen usw. Laden Sie Stakeholder und Kunden hierher ein.

3.3.3 Meeting mit Stakeholdern und Kunden

Mit dem VLB halten Sie nun ein Tool in den Händen, um die Lernschleife praktisch zu nutzen und konkret zu machen. Doch das Aufhängen und Aktualisieren des VLB allein reichen nicht aus, um das volle Potenzial der Lernschleife in der Praxis zu entfalten. Dazu gehört auch, regelmäßig Zeit zu investieren, um gemeinsam mit Stakeholdern und Kunden zu lernen. Ein strukturiertes Meeting zu den Inhalten des VLB kann dabei unterstützen. Wenn Sie mit Scrum arbeiten, können Sie die im Folgenden beschriebenen Inhalte in das Sprint-Review-Meeting aufnehmen. Andernfalls hilft es, in regelmäßigen Abständen ein interaktives Meeting von maximal zwei Stunden Dauer durchzuführen – das sogenannte T2L-Event.

Ziel des T2L-Events

Das Ziel des T2L-Events besteht darin, die Liste an Ideen zu überarbeiten, sodass die folgende Version eines Produkts oder einer Dienstleistung noch besser wird. Außerdem geht es darum, durch Beseitigen von Hindernissen und Fördern der Zusammenarbeit die T2L zu verkürzen. Während des T2L-Events werden die neuesten Erkenntnisse, Lernerfahrungen und Ideen in die Liste eingearbeitet. Darüber hinaus wird nach Verbesserungspotenzialen gesucht, um die Lerngeschwindigkeit zu erhöhen. Dazu werden die Ideen aller beteiligten agilen Teams einbezogen, die den Prozess verbessern und so die Durchlaufzeit verkürzen.

Wie oft findet ein T2L-Event statt?

Eine praktische Faustregel besagt: alle zwei Wochen. Es ist aber hilfreich, bei der Festlegung der Termine auch einen Blick auf die Lieferfrequenz zu werfen. Wird beispielsweise nur alle zwei Monate etwas an Benutzer ausgeliefert, macht es wenig Sinn, alle zwei Wochen auf die Lernschleife zu schauen. Wird hingegen täglich geliefert, dann kann dieses Event häufiger stattfinden und wird sicher weniger Zeit in Anspruch nehmen.

Wann und mit wem?

Das T2L-Event findet beispielsweise immer am Donnerstag einer geraden Woche zwischen 14:00 und 16:00 Uhr statt. Anwesend sind der Produktmanager, der Agile Coach und das Team bzw. die Teams, die zusammen am selben Produkt oder Service arbeiten. Im besten Falle werden auch Anwender eingeladen. Die agile Führungskraft nimmt optional teil. Sie kann durch ihre Teilnahme die Bedeutung des Events unterstreichen und bei der schnellen Umsetzung von Maßnahmen unterstützen. Teams mit einem hohen Reifegrad sollten in der Lage sein, dieses Event ganz und gar selbstständig durchzuführen (siehe Ownership-Modell in Teil 2).

Zur Vorbereitung

Das Team hat sich auf dieses Meeting gut vorbereitet. Teammitglieder haben das Feedback ausgewertet und daraus schon erste Schlussfolgerungen abgeleitet. An alle übrigen Teilnehmer wurde zur Vorbereitung eine knappe Übersicht verschickt:

- Das Gesamtziel wird noch einmal umrissen: Was sind die messbaren Ziele und KVIs für das Produkt oder den Service? (siehe Teil 1)
- Die wichtigsten Kennzahlen und Trendlinien werden kurz und knapp erklärt.
- Die aktuelle mittlere T2L wird angegeben – mit allen möglichen Verbesserungsmaßnahmen, um sie weiter zu verringern.
- Eine Agenda wird erstellt, in der zu jedem Thema die harten Zahlen und das weiche Feedback von Kunden detailliert wiedergegeben sind. Das können neben Werten zu Konversion, Zeit, Kundenanzahl, prozentualem Anteil der Zielgruppe usw. ebenso Anmerkungen von Nutzer oder Erläuterungen zu Kundeninterviews sein.

Agenda

Eine Beispielagenda für das T2L-Event kann folgendermaßen aussehen:

- Eröffnung durch den Produktmanager/Product Owner, der unter anderem die Vision des Produkts oder Service noch einmal wiederholt.
- Zu jedem Thema auf der Agenda werden die harten und weichen Fakten erläutert.
- Es werden konkrete Lernerfahrungen benannt.
- Mithilfe dieser neuen Einsichten wird priorisiert.
- Am Ende werden ein oder zwei konkrete Maßnahmen beschlossen, um die T2L weiter zu verringern und zu verbessern.

Einige Praxistipps für dieses Meeting:

- Nehmen Sie sich die Zeit, um auf die Zahlen zu schauen. »Don't jump into conclusions.«
- Planen Sie möglichst kleine Verbesserungen, sodass schnell wieder gelernt werden kann.
- Halten Sie sich das Ziel vor Augen. Was wollen Sie letztendlich erreichen?
- Trendlinien können äußerst hilfreich sein, um einzelne Zahlen in einen Kontext zu setzen.
- Laden Sie Benutzer zu dem Event ein, um deren Meinung aus erster Hand zu hören.

3.3.4 Die Stärke des Validated Learning Board

Zusammenfassend kann man sagen, dass das VLB ein mächtiges Tool ist, um sich jeden Tag mit der Lernschleife auseinanderzusetzen und diese wirklich zu nutzen. Seine Stärke liegt darin, dass die Teams täglich damit arbeiten, ihre Arbeitspakete visualisieren und das Tool nutzen, um gemeinsam mit Stakeholdern und Kunden kontinuierlich zu lernen und sich zu verbessern.

Die agile Führungskraft hat dabei folgende Aufgaben:

- Die Bedeutung von Board und Event verdeutlichen.
- Sich regelmäßig mit dem Team treffen und Fragen zum Fortgang der Lernschleife stellen.
- Motivieren, dass die Lernerfahrungen reflektiert und an andere Teams weitergegeben werden.
- Sicherstellen, dass Hindernisse bezüglich der Lerngeschwindigkeit beseitigt werden.
- Dafür Sorge tragen, dass sich die wichtigsten Stakeholder und Kunden Zeit reservieren, um beim T2L-Event dabei zu sein.
- Den Produktmanager beim Stakeholder-Management unterstützen.

Nach allen Erläuterungen zur Lernschleife, zum Messen der Lerngeschwindigkeit und zum VLB bleibt die Frage, wie große Ideen in kleinen Schritten umgesetzt werden können. Werden dabei im Interesse der Geschwindigkeit nicht enorme Risiken eingegangen? Werden die Änderungen auf sichere Weise vorgenommen? Die folgenden zwei Abschnitte geben Antwort auf diese Herausforderungen.

3.4 Wie können Teams große Ideen in kleinen Schritten umsetzen?

»Faith is taking the first step even when you don't see the whole staircase.«

Martin Luther King, Jr.[5]

5. *https://www.brainyquote.com/authors/martin_luther_king_jr*

3.4.1 Fragen zum Einstieg

1. Wie lange dauert es, ehe eine große Idee durch die Anwender validiert wird?
2. Wann wird eine große Idee aufgrund von Nutzerfeedback aufgegeben oder verworfen, wenn sich herausstellt, dass sie weniger gut als bisher angenommen ist?

3.4.2 Prolog

Ein Pannendienst musste seine Software zur Koordinierung der Hilfseinsätze ersetzen, um Marktführer bleiben zu können. Ein Team von Analysten und Experten machte sich an die Arbeit, um die Anforderungen, das funktionale Design und die Startarchitektur zu Papier zu bringen. Nach rund einem halben Jahr voller Sitzungen, schriftlicher Ausarbeitungen, Reviews und Planungen präsentierte es seine Ergebnisse dem höheren Management, das mit einem Neubau des internen Systems einverstanden war. Den Plänen zufolge würde es mehrere Jahre dauern, dieses neue System zu entwickeln, und zusätzlich Monate intensiven Testens erfordern. Einige kritische Projektleiter fanden das zu riskant für einen derart wesentlichen Teil des Betriebs. Einer von ihnen hatte sich glücklicherweise schon mit dem zu diesem Zeitpunkt noch relativ unbekannten Mindset agilen Projektmanagements beschäftigt. Sie beschlossen, bei der Planung einen völlig neuen Weg einzuschlagen: Und zwar bereits in den Echtbetrieb zu gehen, sobald eine spezifische Zielgruppe und Situation mit der neu zu entwickelnden Software unterstützt werden kann, und nicht erst, wenn alles fertig entwickelt ist. Der neue Plan sah einen Parallelbetrieb der Systeme vor. Ein großer Teil der täglichen Supportmitarbeiter würde das bisherige System nutzen, während eine Handvoll ausgewählter Mitarbeiter Zugriff auf beide Systeme erhielt. Nach einer heftigen Diskussion im Lenkungsausschuss wurde der neuen Herangehensweise eine ernsthafte Chance eingeräumt. Eine Bemerkung war dafür ausschlaggebend: »Wenn wir so weitermachen wie immer, dann bekommen wir das, was wir schon haben. Die Erfolgschancen für ein derart großes Projekt sind gering. Auf die neue Weise wissen wir aber schon nach drei Monaten, ob es funktioniert, ansonsten erst nach drei Jahren ...«

Die größte Herausforderung war, einen Weg zu finden, wie bereits nach drei Monaten etwas produktiv gesetzt werden kann. Nach einer intensiven Brainstorming-Session, in der mehrere Szenarien besprochen wurden, kristallisierte sich eine Idee heraus, um die T2L von drei Jahren auf drei Monate zu verkürzen: Sobald Kunden wegen eines spezifischen Notfalls anriefen, konnten die Supportmitarbeiter das neue System benutzen, und alle anderen Fälle weiter mit dem bisherigen bearbeiten. Am Ende wurde die Entscheidung getroffen, als ersten Anwendungsfall Reifenpannen bei Autos der Marke Ford in Deutschland über das neue System abzuwickeln. Die Telefonanlage konnte so eingestellt werden, dass Anrufe von Ford-Fahrern aus Deutschland direkt an die Mitarbeiter durchgestellt wurden, die Zugriff auf beide Systeme hatten. So musste das neue System nur bei vier statt bei Hunderten Supportmitarbeitern installiert werden. Diese vier waren auch die Einzigen, die in das neue System eingearbeitet werden mussten. Sobald das Telefon klingelte, wusste der Mitarbeiter bereits nach wenigen Sekunden, worum es ging, und konnte direkt entscheiden, in welchem System der Vorfall erfasst werden musste. Das war die perfekte Lösung, um schon nach drei Monaten im produktiven Einsatz zu sein. Nach und nach sollten nun weitere Anwendungsfälle unterstützt werden.

In der ersten Version gab es natürlich Eingabemasken, doch darüber hinaus mussten keinerlei Funktionen zur Planung und Koordinierung von Hilfseinsätzen implementiert werden. Eine Verbindung zu den Kollegen in Deutschland reichte aus und schon konnten die deutschen Pannendienste die Fälle weiter bearbeiten. Nach ein paar Monaten Entwicklungsarbeit war die erste Version fertig. Sie wurde bei den vier Supportmitarbeitern ausgerollt und schon konnten die ersten Anrufe bearbeitet werden. Ein bedeutsamer Augenblick für das Projekt. Nach weiteren Optimierungen der Lernschleife hatte das Projekt am Ende eine mittlere T2L von anderthalb Monaten: zwei Wochen skizzieren, zwei Wochen bauen und während weiterer zwei Wochen Nutzerdaten sammeln und daraus lernen. Der ursprüngliche Plan hätte eine T2L von mehr als drei Jahren bedeutet!

Zu guter Letzt wurden nicht einmal 70 % der Funktionalitäten entwickelt, die von den Analysten, Experten und Architekten anfangs geplant worden waren. Rund 25 % der Funktionen wurden am Ende deutlich einfacher und völlig anders implementiert als ursprünglich geplant.

3.4.3 Nach Zielgruppen und Anwendungsfällen statt nach Modulen und Funktionen schneiden

Während Brainstorming-Sessions und Workshops fragen Teilnehmer oft, wie man eine Idee, ein großes Projekt, ein neues Produkt oder einen Service sinnvoll schneiden kann. Sie wollen früher an Kunden ausliefern und Feedback einholen, doch ihnen ist nicht klar, wie sie die Einzelteile kleiner schneiden können. Auf sinnvolle Weise zu schneiden sorgt dafür, dass Produkte und Services zu einem früheren Zeitpunkt von den Nutzern getestet werden können. Ein häufiger Fehler besteht darin, sofort alle möglichen Zielgruppen unterstützen und beinahe alle Funktionalitäten liefern zu wollen. So kann Feedback wirklich erst eingeholt werden, wenn alles funktioniert. Gut schneiden ist in der Praxis manchmal anstrengend. Es kostet Zeit, für einen spezifischen Anwendungsfall gemeinsam eine Lösung zu finden. Tipp: Wählen Sie eine Benutzergruppe *und* einen Anwendungsfall aus, für den diese Zielgruppe das Produkt bereits nutzen kann. Nachfolgend finden Sie einige Praxisbeispiele aus unterschiedlichen Branchen.

Pannenhilfe

Im oben beschriebenen Beispiel eines Pannendienstes wurde tatsächlich eine Kombination aus Zielgruppe *und* Anwendungsfall gewählt. In der ersten Version konnten nicht alle Pannensituationen in Deutschland unterstützt werden. Sobald jemand beispielsweise wegen einer leeren Batterie oder eines verlorenen Schlüssels anrief, musste weiter das bisherige System genutzt werden. Dasselbe galt für Anrufe aus den Niederlanden und aus Frankreich.

Reisebranche

In der Reisebranche könnte man so schneiden, dass ein neues Produkt oder neuer Service vielleicht zuerst Kunden, die nach Südspanien und Südportugal reisen wollen, zur Verfügung gestellt wird. Weitere Einschränkungen könnten eine spezifische Zielgruppe, beispielsweise 60+, oder der Reisezeitraum, zum Beispiel die Vor- und Nachsaison, sein. Erste Zielgruppe *und* Anwendungsfall wären in diesem Fall »Reisende der Altersgruppe 60+, die in der Vor- oder Nachsaison die Sonne in Südspanien oder Südportugal genießen wollen«. Ein Vorteil dieses Vorgehens ist außerdem, dass zunächst nicht alle möglichen Ausnahmefunktionalitäten erstellt werden müssen. So spielen in diesem Fall Transits, Zwischenstopps, Touren, Kombinationsrabatte und Visaanfragen keine Rolle. Ungeeignet zu schneiden hieße, den neuen Service zunächst für die Suche nach Reisen verfügbar zu machen, während Buchungen noch nicht möglich sind. Aus diesem Grund müsste nämlich sofort eine Reihe von Ausnahmefunktionalitäten gebaut werden. Daher kann der gesamte Prozess nicht schnell abgeschlossen werden, sodass Feedback von Endanwendern nicht eingeholt werden kann. Gutes Schneiden nach Zielgruppen und Anwendungsfällen hingegen macht dies möglich.

Gesetzesänderung bei der Sozialhilfe

Gemäß einem neuen Gesetz sollten ab 1. Januar die Beihilfen neu berechnet werden. Alle erforderlichen Änderungen einzubauen, zu testen und auszurollen würde länger als neun Monate dauern, doch so viel Zeit war nicht mehr bis zum 1. Januar. Rückblickend erscheint es einfach, aber zu dem Zeitpunkt kostete es Stunden und mehrere Meetings von Experten, Rechtsanalysten, Programmierern, Fachbereichs- und Projektleitern, um eine gute Idee zu entwickeln. Es wurde eine Übersicht über die Sozialhilfekategorien und die Komplexität der neuen Berechnungen erstellt. Die Berechnung der Unterstützung für alleinstehende Mütter mit im Haushalt wohnenden Kindern schien die einfachste zu sein und betraf eine große Zielgruppe. Etwa in der Mitte der Liste fand sich die Unterstützung für Selbstständige und die schwierigsten Fälle waren Kombinationen aus Behinderung, Arbeitslosigkeit und gemeinschaftlichem Wohnraum.

Das Team traf die Entscheidung, zuerst die Sozialhilfe für alleinstehende Mütter zu implementieren. Bereits nach etwa einem Monat konnte diese Funktionalität den Sachbearbeitern übergeben werden. Sie konnten nun direkt bei der Berechnung der Sozialhilfe angeben, ob diese nach der künftigen oder der bisherigen Rechenregel ermittelt werden musste. Damit war die Software jedoch noch nicht völlig gesetzeskonform. Die Anforderung war, dass alle Beihilfen ordnungsgemäß behandelt werden sollten. Indem für die Sachbearbeiter die Möglichkeit geschaffen wurde, den Sozialhilfebetrag selbst einzugeben, wurden die gesetzlichen Anforderungen genau genommen erfüllt. Das stieß jedoch zunächst auf den Widerstand einiger Stakeholder, der teilweise durch die Zusage, weitere neue Berechnungsvorschriften zu implementieren, entkräftet werden konnte. Die Stakeholder erkannten, dass auf diese Weise viel einfacher gemeinsam eine Reihenfolge für die Implementierung neuer Berechnungsvorschriften festgelegt werden konnte. Als wichtigstes Priorisierungskriterium wurde die Erleichterung des Tagesgeschäfts der Sachbearbeiter herangezogen.

Obwohl zum 1. Januar noch nicht alle Berechnungen automatisiert waren, bewährte sich das Vorgehen in der Praxis gut. Die wenigen verbliebenen Sozialhilfekategorien waren nämlich derart schwierig, dass die Chance, automatisiert den richtigen Betrag zu ermitteln, relativ gering war. Aus diesem Grund mussten diese Beträge ohnehin immer von Sozialhilfeexperten nachgerechnet werden. So konnten die Teammitglieder zunächst Erfahrungen sammeln, wie sie diese Experten unterstützen konnten. Zu guter Letzt bauten sie ein Tool zur einfachen Überprüfung der Berechnungen ein, was zu einer spürbaren Zunahme korrekt ermittelter Sozialhilfen führte.

Gesetzesänderung bei Hypotheken

Ein mittelständischer Hypothekendienstleister musste sein System aufgrund gesetzlicher Änderungen anpassen. Eine erste Analyse ergab, dass man mit Hunderten schwieriger Kombinationen konfrontiert sein würde. Nach einem Brainstorming entschloss man sich, die Gesetzesänderung schrittweise zu implementieren. Zuerst wurden die Änderungen für alle Hypotheken unterhalb der NHG[6]-Grenze mit nur *einem* Kreditanteil und *einem* Eigentümer in Angriff genommen. Dafür waren die Anpassungen relativ einfach und die Fälle leicht aus dem System zu holen. Die angepassten Schreiben und Prozessschritte wurden innerhalb einer vertretbaren Zeit an Kunden geliefert. Die Teams konnten dadurch sowohl Erfahrungen mit dem neuen Gesetz sammeln als auch Feedback von echten Kunden einholen. Dies machte es ihnen leichter, die verbleibenden Fälle genauer einzuschätzen und somit die Erwartungen in Richtung Stakeholder und höheres Management besser zu steuern. So setzten

6. Nationale Hypotheek Garantie (*https://nl.wikipedia.org/wiki/Nationale_Hypotheek_Garantie*) – staatliche Bürgschaft zur Absicherung des Kreditrisikos in den Niederlanden.

sie Schritt für Schritt weitere Fälle um. Und obwohl sie bei Inkrafttreten des neuen Gesetzes noch nicht jeden Anwendungsfall unterstützen konnten, gab es bei der AFM[7] kaum Probleme.

3.4.4 Fallstricke beim Verkürzen der T2L

Beim Verkürzen der T2L gibt es einige Fallstricke zu beachten. Und wenn sie willkürlich verkürzt wird, treten natürlich auch die entsprechenden Risiken auf.

Fallstrick 1: Nicht repräsentativer Kundenkreis

Ein Energieversorgungsunternehmen hatte alle möglichen Kunden gebeten, Mitglied eines Kundenforums zu werden, das als Erstes neue Produkte und Dienstleistungen nutzen durfte. Man erklärte den Teilnehmern, dass verschiedene Produkte und Dienstleistungen möglicherweise – abhängig vor allem von ihrem Feedback – sehr schnell wieder eingestellt werden würden. In der Folgezeit wurde sowohl unter den Mitarbeitern als auch an Kunden viel zum Feedback aus diesem Forum kommuniziert. Für das Unternehmen war es ein gewaltiger Fortschritt, Kunden in einem so frühen Stadium in die Entwicklung neuer Produkte einzubeziehen. Leider schien die Zusammensetzung des Forums keine repräsentative Stichprobe der Gesamtheit der Kundschaft zu bilden. In ihm fanden sich kaum Haushalte von hart arbeitenden Doppelverdienern und jungen Familien. Es setzte sich hauptsächlich aus Rentnern, jungen Arbeitslosen und sehr umweltbewussten vermögenden Vierzigern zusammen – eine Gruppe, die gerne Zeit für das Gemeinwohl zur Verfügung stellte und jeden Tag sehr bewusst mit seinem Energieverbrauch umging. Doch die durchschnittlichen Kunden dieses Energieversorgungsunternehmens verhielten sich nicht auf diese Weise. Und so traf das Unternehmen falsche Entscheidungen bezüglich seiner Produkte und Dienstleistungen. Am Ende wurde das Kundenforum zwar weiter gepflegt, doch die Rückmeldungen beeinflussten die Entscheidungen im Unternehmen weniger stark. Darüber hinaus kamen Marketing-Intelligence-Experten zum Einsatz, um künftig für verlässliche Stichproben beim Kundenfeedback zu sorgen.

Beim Verkürzen der T2L ist es daher wichtig, dass so viel wie möglich von zufällig zusammengestellten Nutzergruppen gelernt wird. Tipp: Kommunizieren Sie gut in Richtung der Teams und Stakeholder.

---

7. Autoriteit Financiele Markten (*https://www.afm.nl/en/consumenten*) – niederländische Aufsichtsbehörde für die Finanzmärkte.

Fallstrick 2: Performance-Test auf Basis heutiger Zahlen

Fünf verschiedene Softwareentwicklungsteams begannen einen kompletten Neubau eines bestehenden Produkts. Dabei orientierten sie sich an einer spezifischen Zielgruppe. Durch diese Fokussierung konnten sie nach einigen Monaten tatsächlich in den Echtbetrieb gehen. Sie wussten beim Start, dass ihr Produkt im Sommer minimal genutzt werden würde, doch im Winter Tausende parallele Nutzer zu erwarten waren. Bei der Architektur hatten sie dies berücksichtigt. Und es wurde anfangs eine Reihe von Performance-Tests durchgeführt, die sicherstellen sollten, dass sich das System wie erwartet verhält. Allerdings wurden während der Implementierung – aufgrund neuer Erkenntnisse – kleine Anpassungen an der Architektur vorgenommen. Niemand erwartete, dass das große Auswirkungen auf die Performance haben würde. Beim Hochskalieren zu größeren Benutzerzahlen entstanden jedoch so große Performance-Probleme, dass ein Teil des Produkts komplett neu implementiert werden musste. Das war natürlich eine große Enttäuschung und etliche Stakeholder zweifelten an der agilen Vorgehensweise. Die Teams lernten so auf die harte Tour, dass sie nach jeder Änderung auch die Performance-Tests automatisch ausführen mussten. In den folgenden Monaten und Jahren, in denen die Teams das Produkt ausbauten und erweiterten, wurden sie dadurch mehrere Male rechtzeitig gewarnt, wenn Änderungen einen negativen Einfluss auf die Performance hatten.

Fallstrick 3: Um Feedback bitten, wenn alles fertig ist

Eine wichtige Faustregel für agiles Arbeiten lautet: »Nicht erst um Feedback bitten, wenn alles fertig ist, sondern wenn es Zeit ist für Feedback.« Wir neigen dazu, erst dann um Feedback zu bitten, wenn wir fertig sind. Eine Ahnung, woher das rührt, bekam ich während eines 10-minütigen Gesprächs in der Klassenstufe 2 der Grundschule. Die Lehrerin war voll des Lobes über unsere Tochter, wie klug sie sei und wie gut sie in der Klasse mitarbeite. Am Ende des Gesprächs sagte sie unvermittelt, dass unsere Tochter ihr manchmal unsicher vorkomme. Ein paar Tage zuvor sollten die Kinder einen Pilz basteln. Die Lehrerin hatte dazu klare Anweisungen gegeben und jeder machte sich an die Arbeit. Unsere Tochter kam bereits nach wenigen Minuten mit einem halb fertigen Pilz in der Hand zur Lehrerin gelaufen. Das vermittelte der Lehrerin den Eindruck, sie wäre unsicher.

Schon in der Schule lernen wir, erst um Feedback zu bitten, wenn etwas fertig ist. Es ist unmöglich, schon auf halber Strecke einer Sprach- oder Rechenaufgabe die Lehrerin zu bitten, ob sie vielleicht schon einmal diesen ersten Teil nachschauen kann, sodass wir im zweiten Teil besser werden können. Auch wir werden oft bei einer eher klassischen Arbeitsweise als Experten eingesetzt. Und – guten Experten reicht die halbe Geschichte, um das Problem und die

Lösung zu verstehen. Um Feedback zu einer laufenden Recherche oder Analyse zu bitten oder mit einem Kunden zu telefonieren, wird schnell als Unsicherheit gewertet. »Du weißt doch, was ich meine, antworte doch einfach …« Doch nun, da die Welt ständig komplexer wird und Maschinen und Computer die einfachen Dinge erledigen, kommt es immer häufiger zu Interaktionen zwischen Menschen rund um ein komplexes Problem. Deshalb ist es wichtig, dass wir immer wieder zwischenzeitlich um Feedback bitten und nicht erst, wenn alles fertig ist.

Fallstrick 4: Personalrabatt

Viele Unternehmen gewähren ihren Mitarbeitern Rabatte auf ihre Produkte und Dienstleistungen: einen Rabatt bei einer Hypothek, eine kostenlose Mitgliedschaft oder 20 % Rabatt für Familie und Freunde. Obwohl das zweifellos eine Menge positiver Effekte hat, beeinflusst es doch die Meinung einer Kundengruppe, die überall involviert ist. Denn – würden die eigenen Mitarbeiter die Produkte und Dienstleistungen auch nutzen, wenn sie keinen Rabatt bekämen? Personalrabatt führt dazu, dass es für die Mitarbeiter, die intensiv an diesen Produkten und Dienstleistungen arbeiten, weitaus schwieriger wird, sich objektiv die Frage zu stellen, ob sie diese auch selbst kaufen würden. Mit anderen Worten: Eine leicht zugängliche Kundengruppe ist nicht länger objektiv und die Mitarbeiter müssen sich das Feedback von außen holen. Letzteres ist natürlich in jedem Fall gut, doch manches könnte einfacher sein, wenn die Mitarbeiter selbst auch eine Kundengruppe bilden würden.

3.5 Fehlerfolgen minimieren

Ohne eine sichere Umgebung zum Experimentieren machen wir immer nur weiter das, was wir schon können, und treten auf der Stelle in einem sich immer schneller verändernden Markt.

3.5.1 Fragen zum Einstieg

1. Wie viel Zeit wird in Experimente investiert?
2. Wie viel Freiheit und Motivation hat das Team, um zu experimentieren und daraus zu lernen?

Spotify nutzt eine praktische Herangehensweise, um die Auswirkungen von Fehlern zu verringern: Man verhindert, dass ein bestimmter Fehler Auswirkungen auf alle Kunden hat. Auf diese Weise verringert sich der *blast radius*[8]. Alle Änderungen, die in den Echtbetrieb gehen, werden schrittweise an alle Kunden ausgerollt: zuerst zum Beispiel im Vereinigten Königreich und danach erst in den Vereinigten Staaten. Daneben kommen *feature toggles* zum Einsatz, mit deren Hilfe Änderungen ein- und ausgeschaltet werden können, ohne die Version zurückzurollen. Damit wird ein Feature für eine bestimmte Anzahl Benutzer eines Landes freigeschaltet. Mittels Nutzerstatistiken kann man schnell erkennen, ob das Feature funktioniert und ob es gefällt. Falls das nicht der Fall ist, wird das Feature wieder abgeschaltet. Sollte ein neues Feature Fehler verursachen, so war nur eine kleine Nutzergruppe davon betroffen.

Die Folgen eines Fehlers können also dadurch begrenzt werden, dass Verbesserungen nur für eine kleine Zielgruppe und nicht für alle Kunden gleichzeitig durchgeführt werden. Oder, indem nicht alles auf einmal angepasst wird, sondern nur einige Produkte oder Services. Etliche Unternehmen arbeiten seit Jahren auf diese Weise, wie folgende Beispiele zeigen:

- Neue Versionen einer Banking-App werden erst an die eigenen Mitarbeiter ausgerollt, ehe sie einem größeren Nutzerkreis zur Verfügung gestellt werden. Falls etwas nicht richtig funktioniert, sind die Folgen relativ gering.
- Eine Telefongesellschaft stellte nicht alle Sendemasten gleichzeitig auf 4G um, sondern begann mit *einem* Sendemast, beispielsweise in Wassenaar. Dort konnten Kunden nun als Erste 4G nutzen. Die Tatsache, dass noch nicht die kompletten Nutzungsdaten mit dem Datenpaket abgerechnet wurden, störte die Kunden offensichtlich nicht. Die Folgen für die Telefongesellschaft waren gering.
- In einigen Städten, zum Beispiel in Amsterdam[9], haben Postzusteller damit begonnen, ausgediente elektrische Kleingeräte von Kunden mitzunehmen. Auf diese Weise sammelten sie erste praktische Erfahrungen mit dieser neuen Dienstleistung.

Um die Folgen von Fehlern zu reduzieren ist es häufig erforderlich, das Design von Produkten und Dienstleistungen zu ändern. Es mag aus dem Blickwinkel von Standardisierung, Kostensenkung und Effizienz oft angenehm sein, alles auf die gleiche Weise zu behandeln und keine Ausnahmen zuzulassen. Mit dem Blick auf Verbesserungen, Risikominimierung und Innovation ist gerade das nicht clever.

---

8. *https://hbr.org/2017/02/how-spotify-balances-employee-autonomy-and-accountability*
9. *https://nos.nl/artikel/2174357-veel-afgedankte-apparaten-mee-met-postnl.html*

Deshalb ist es wichtig, mit verschiedenen Mitarbeitern aus unterschiedlichen Blickwinkeln diese Herausforderung zu betrachten. Dazu kann beispielsweise in mehreren Brainstormings gemeinsam über mögliche strukturelle Verbesserungen von Prozessen und der Zusammenarbeit, der Arbeitsweise und des Automatisierungsgrades nachgedacht werden.

Wenn jede Änderung erfolgreich ist, herrscht ein Mangel an Innovation

Erfolgreiche agile Führungskräfte schaffen ein Umfeld, in dem Verbesserungen erforscht und entdeckt werden können. Auf dieser Entdeckungsreise ist nicht jede Veränderung sofort erfolgreich. Mangel an Verbesserungen führt zu Stillstand, und wenn sich andere Marktteilnehmer dann verbessern, gerät man sogar ins Hintertreffen! Doch in einer komplexen Umgebung kann man im Vorhinein nicht wissen, ob eine Änderung erfolgreich sein wird oder nicht. Dazu muss experimentiert werden. Wenn Max Verstappen[9] und sein Team nicht beständig Änderungen vornehmen, wird er schnell von der Konkurrenz eingeholt. Verstappen muss kontinuierlich mit dem Auto, der Kommunikation im Team, dem Rennablauf und seiner eigenen Kondition experimentieren, um zumindest mit seinen Konkurrenten mithalten zu können.

Sind alle Änderungen erfolgreich, dann findet zu wenig Innovation statt. Denn wenn alle geänderten Produkte und Dienstleistungen direkt Erfolg haben, kann man nie wissen, ob man in puncto Innovation wirklich im Grenzbereich operiert. Erst wenn sich einige Produkte nicht durchsetzen, kann man die Grenzen der Innovation erkennen. Wenn Max Verstappen beim Erkunden einer neuen Rennstrecke nicht ab und zu eine Kurve zu schnell angeht, kann er nie sicher sein, dass er das Maximum aus seinem Auto herausholt.

Erfolgreiche agile Führungskräfte wissen, dass ein Maximum an Innovation erforderlich ist und sie deshalb beständig die Grenzen ausloten müssen. Und doch müssen Verbesserungen nicht zu irreversiblen Schäden führen. Auch Max Verstappen wird nicht so schnell in eine Kurve hineinfahren, dass er im Krankenhaus landet. Agile Führungskräfte müssen deshalb ein geschütztes Umfeld für Experimente schaffen, um bis an die Grenzen der Innovation vorstoßen zu können.

10. *https://de.wikipedia.org/wiki/Max_Verstappen* – belgisch-niederländischer Automobilrennfahrer, Kart-Weltmeister und zweifacher Kart-Europameister, seit 2015 in der Formel 1, seit 2016 dort für Red Bull Racing am Start.

3.6 Zusammenfassung Teil 3

Agile Teams benötigen schnelles Feedback von Anwendern, die ihre Produkte und Dienstleistungen tatsächlich nutzen, also nicht nur Feedback zu Ideen, Präsentationen oder Demos. Nur durch diesen Praxistest können Teams sicher sein, dass sie das Richtige tun.

Deshalb ist es wichtig, dass die agile Führungskraft ein Umfeld schafft, in dem die Teams dieses Feedback schnell erhalten und den Raum haben, wirklich davon zu lernen. Die T2L, das fünfte Tool im Toolkit für agile Führungskräfte, unterstützt dabei. Dieses Tool misst die Gesamtzeit zwischen dem Moment, an dem das Team beginnt, etwas zu skizzieren, bis zu dem Zeitpunkt, an dem es daraus gelernt hat. Der Prozess, der aus dem Skizzieren von Ideen, dem Bauen, dem Liefern an Anwender, dem Sammeln von Feedback und dem Lernen daraus besteht, wird als Lernschleife bezeichnet. Je schneller die Teams vom Nutzerfeedback lernen, desto höher ist ihre Lerngeschwindigkeit und umso kürzer die T2L.

Das sechste Tool im Toolkit ist das Validated Learning Board (VLB), das die Lernschleife visualisiert und Transparenz darüber schafft, welche Arbeitspakete sich in der Lernschleife befinden. Das Board zeigt, woran das Team derzeit arbeitet, welche Dinge gerade an Anwender ausgeliefert wurden und welches Feedback derzeit ausgewertet wird, um daraus zu lernen. Mit diesem Tool hat das Team einen konkreten Ansatz, um sich auf das Lernen aus echtem Nutzerfeedback zu konzentrieren.

3.6.1 Die agile Führungskraft als Experimentator

Es liegt in der Verantwortung der agilen Führungskraft, ein Umfeld zu schaffen, in dem die Teams sowohl von Nutzerfeedback lernen als auch sicher experimentieren können. Denn agile Teams sind nicht erfolgreicher, wenn sie mehr vom Gleichen machen, sondern indem sie intelligent und innovativ nach besseren Wegen suchen, um Kundennutzen zu generieren. In einer komplexen Umgebung lassen sich diese neuen Wege nicht im Vorhinein erkennen, sondern müssen in einem Lernprozess entdeckt werden. Agile Teams werden schneller und besser Kundennutzen schaffen, wenn sie ein Umfeld vorfinden, in dem sie durch Experimente herausfinden können, was gut funktioniert und was nicht. Deshalb ist es entscheidend, dass sich die agile Führungskraft ständig in ihrer Rolle als Experimentator weiterentwickelt.

3.6.2 Konkrete Maßnahmen

Nachfolgend sind einige konkrete Maßnahmen aufgeführt, um die Tools, Beispiele und Ideen aus dem dritten Teil in die Praxis zu übernehmen.

1. Erstellen Sie eine Übersicht über die Teams und ihre aktuelle T2L. Auf diese Weise wird transparent, wie groß die Lerngeschwindigkeit der verschiedenen Teams gerade ist. Aktualisieren Sie die Übersicht gemeinsam mit den Teams, sodass diese dafür Ownership übernehmen können.
2. Fragen Sie die Teams regelmäßig, was sie brauchen, um in einem geschützten Raum experimentieren zu können. Schaffen Sie ein Umfeld, in dem Experimente belohnt und gewürdigt werden.
3. Fragen Sie nach Beispielen für missglückte Experimente. Sorgen Sie dafür, dass Menschen mit einer Prise Humor anderen mitteilen können, was sie gelernt haben, statt sich ihrer Fehler zu schämen.
4. Planen Sie die erste Serie von T2L-Events.

Teil 4

Neue Gewohnheiten entwickeln

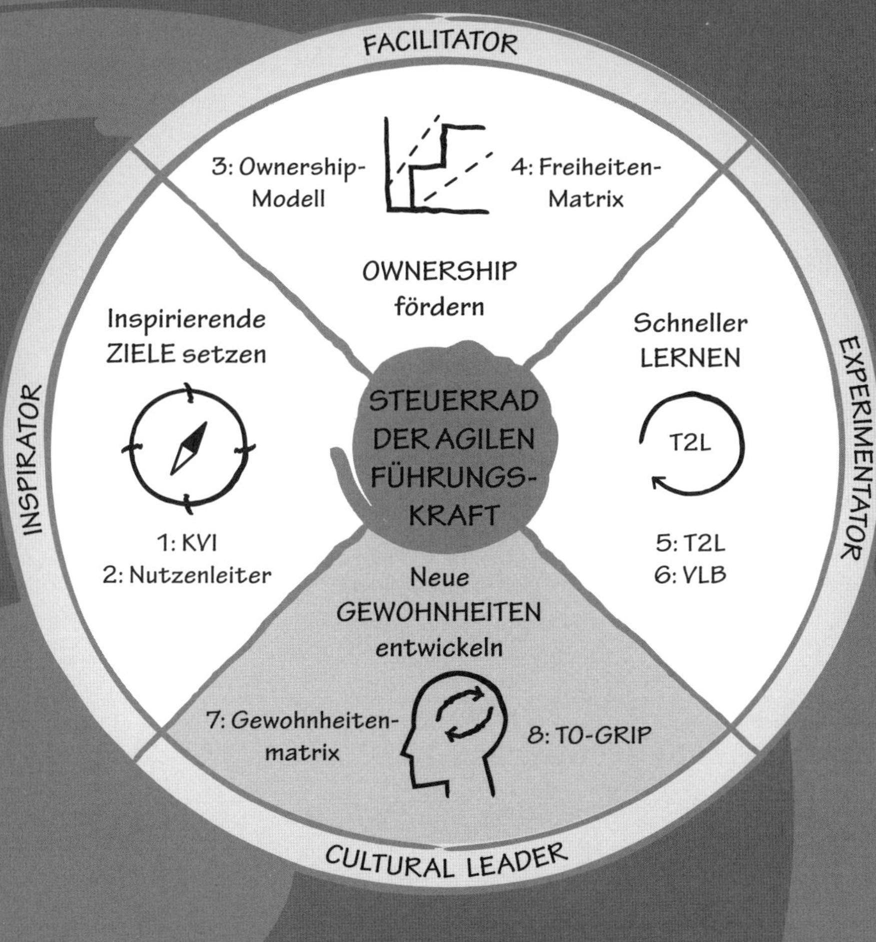

4.1 Wie schafft man eine agile Kultur?

Ob eine Kultur gesund ist, liegt in den Händen der Führungskraft. Wenn sie akzeptiert, dass Menschen nur auf ihren eigenen Vorteil aus sind und kurzfristige Ziele verfolgen, dass sie lügen, andere beschuldigen und ihr Wissen nicht teilen, dann wird dieses Verhalten erst zur Gewohnheit und dann zur Kultur.

4.1.1 Fragen zum Einstieg

1. Was sind für Sie die wichtigsten Merkmale einer agilen Kultur?
2. Welches Vorbild wollen Sie selbst im Kulturwandel geben?

4.1.2 Prolog

Es ist nach 17:00 Uhr. Robert, Abteilungsleiter des Middle Office einer Geschäftskundenbank, starrt aus dem Fenster. Er hat schon die Jacke an und versucht seine Gedanken zu ordnen. Intuitiv ist ihm klar, dass es Zeit ist für den nächsten Schritt, doch er weiß noch nicht für welchen. Im Hintergrund hört er ein paar Kollegen lachen. Sonst ist es ruhig in der Abteilung. Die meisten sind schon zu Hause. Roberts Abteilung mit mehr als 400 Beschäftigten ist für die Bearbeitung von Finanzdossiers verantwortlich. Diese Dossiers beinhalten Anträge für neue Kredite, Erweiterungen bestehender Darlehen und eine Vielzahl von Darlehensanpassungen. Als er vor neun Monaten hier zum Abteilungsleiter wurde, war die Bearbeitung gewaltig in Verzug, die Qualität niedrig und die Kunden unzufrieden. Es herrschte eine demotivierende Unternehmenskultur, in der keiner dem anderen half und jeder versuchte, seine Arbeitszeit ohne jeglichen zusätzlichen Einsatz rumzubringen. Glücklicherweise hat sich das inzwischen etwas gebessert. Robert ist mit den aktuellen Veränderungen vorerst zufrieden, er ist sich jedoch darüber im Klaren, dass noch eine Menge an kultureller Veränderungsarbeit auf ihn wartet.

Als Robert seine Arbeit hier begann, waren die Mitarbeiter bereits interdisziplinär organisiert, sodass sie als Team prinzipiell ein Dossier selbstständig von Anfang bis Ende bearbeiten konnten. Doch diese Struktur allein reichte nicht aus, denn die tägliche Praxis war eine ganz andere. Alle Mitarbeiter waren Tag für Tag damit beschäftigt, Kredite zu prüfen, Dossiers zurückzuschicken oder Anpassungen vorzunehmen. Jeder versuchte, so gut es ging, seine eigene Arbeitslast zu bewältigen und bestmögliche Qualität zu liefern.

Unterdessen sah Robert die Rückstände weiter anwachsen und die Beschwerden zunehmen. Wenn er nicht bald radikal etwas änderte, würde es nur noch weiter bergab gehen. Sein Motto war: »Wenn du tust, was du schon immer getan hast, dann bekommst du das, was du schon immer bekommen hast.« Obwohl jeder hart arbeitete, waren der Gesamt-Output und die Qualität niedrig. Robert wusste aus Erfahrung, dass das nicht von der Unternehmenskultur, sondern durch Strukturen und Prozesse verursacht wurde. Die Durchlaufzeit und die Bearbeitungszeit unterschieden sich gewaltig. Und das lag nicht daran, dass nicht an den Dossiers gearbeitet wurde. Die Ursache war, dass sich die Mitarbeiter die Dossiers gegenseitig immer wieder zuschickten, um alle möglichen Details zu bearbeiten. Das entsprach genau dem aktuellen Prozess. Doch so erfuhren Kunden oft erst nach einem Monat, dass einige Dokumente nicht korrekt ausgefüllt waren und deshalb der gesamte Prozess noch einmal gestartet werden musste. Und das führte – natürlich – zu einer geringen Kunden- und Mitarbeiterzufriedenheit.

Robert spürte intuitiv, dass er an den Strukturen und Verhaltensmustern ansetzen musste, wenn sich die Unternehmenskultur verändern sollte. Seine erste Initiative richtete er auf die Abarbeitung des Arbeitsvolumens. Er wollte die neue Gewohnheit entwickeln, dass alle Dokumente, die vor 9:00 Uhr eingingen, noch am selben Tag bearbeitet wurden. Nur so würden sich die Durchlaufzeit und vielleicht auch die Kunden- und Mitarbeiterzufriedenheit verbessern. Als er diese Idee zum ersten Mal mit seinen Mitarbeitern besprach, hielten viele sie für nicht realisierbar. »Der nächste Manager mit absurden Ideen«, bekam er als Feedback. Doch einige wenige erkannten das Potenzial seines Vorschlags und begannen gemeinsam mit ihm an dieser neuen Herangehensweise zu arbeiten.

Gemeinsam stellten sie sicher, dass das Arbeitsvolumen für jeden transparent war. Damit wurde sichtbar, welches Team wie viele Dokumente an diesem Tag zu verarbeiten hatte. Im Gegensatz zu früher enthielt die Übersicht nun nur noch die Dokumente, die bereits vor 9:00 Uhr eingegangen waren, und nicht auch noch die, die im Laufe des Tages dazukamen. Da die Teams jetzt angehalten waren, die Bearbeitung eines Dokuments, sobald sie damit anfingen, auch abzuschließen, und die Teams damit begannen, sich gegenseitig dabei zu unterstützen, sank die Arbeitslast rapide. Und sofort waren eine neue Stimmung und Arbeitskultur in der Abteilung zu spüren.

Das Zweite, was Robert mithilfe seiner Verbündeten ins Leben rief, war eine Art Marktplatz – jeden Tag etwa gegen 13:00 Uhr. Teams, die im Laufe des Tages merkten, dass sie ihre Arbeit nicht schaffen würden, konnten auf diesem Marktplatz andere Teams um Unterstützung bitten. Die neue Gewohnheit, um Unterstützung zu bitten, entwickelte sich hauptsächlich daraus, dass Teams, die ihre Arbeit erledigt hatten, gefördert und belohnt wurden: Teams, die ihr Arbeitsvolumen abgearbeitet hatten und auch von anderen Teams nicht mehr gebraucht wurden, durften Feierabend machen. Das fühlte sich für Teams, die mit ihrer Arbeit nicht fertig wurden, auch nicht um Unterstützung gebeten hatten und weiterarbeiten mussten, nicht gut an. So fiel es ihnen zunehmend leichter, auch einmal um Mithilfe zu bitten. Und obwohl anfangs nicht alle Teams ihre Ziele erreichten, unterstützte und begleitete Robert die Suche nach Lösungswegen, statt verärgert zu reagieren.

Rückblickend hatte Robert einen Kulturwandel herbeigeführt, indem er zwei neue Gewohnheiten etablierte. Erstens, sich gegenseitig dabei zu unterstützen, das tägliche Arbeitspensum zu bewältigen. Das wurde nach ein paar Wochen zur Normalität und diese neue Gewohnheit war somit relativ schnell eingeführt. Zweitens, in Lösungen und Möglichkeiten zu denken. Vor Roberts Zeit war es üblich, Fehler zu vertuschen, die Schuld nie bei sich selbst zu suchen und auch nichts dazuzulernen. Nun wurden entdeckte Fehler als Verbesserungspotenziale betrachtet, konkretisiert und das Problem in kleinen Schritten behoben. Da die Mitarbeiter schnell erste Verbesserungen in ihrer Arbeit spüren konnten, begann das Vertrauen zu wachsen, dass sich wirklich etwas verändern würde. Robert gewann ihr Vertrauen, weil er selbst mit gutem Beispiel voranging. Er hatte verschiedene Mitarbeiter dazu befragt, wobei er selbst noch besser werden könnte. Wenn Mitarbeiter dann mit Feedback und Ideen zu ihm kamen, erkundigte er sich einige Zeit später bei ihnen, ob sie inzwischen Veränderungen in dieser Richtung bei ihm bemerkt hätten. Und so inspirierte er auch andere, sich in diesem Sinne zu öffnen und um Feedback zu bitten.

Dank dieser zwei neuen Verhaltensmuster entstand in der Abteilung eine Arbeitskultur, in der es normal war, einander zu unterstützen, Wissen zu teilen, Tagesziele gemeinsam zu erreichen, sich für Dossiers verantwortlich zu fühlen, persönliches Feedback zu geben, kontinuierlich die Qualität zu erhöhen und offen um Unterstützung zu bitten. Dadurch erhöhte sich die Kundenzufriedenheit um mehr als 30 Punkte und die Mitarbeiterzufriedenheit stieg von einer knappen 6 auf eine stabile 8.

Robert wendet sich langsam vom Fenster ab. Er greift nach seiner Tasche und verabschiedet sich von den Mitarbeitern, die noch bei der Arbeit sind. Im Hinausgehen überlegt er, wie er diese Errungenschaften tiefer verankern kann, denn im Augenblick fühlt sich die neue Unternehmenskultur noch nicht allzu stabil und gefestigt an.

4.1.3 Wie verbessert man die Unternehmenskultur?

Für einen erfolgreichen Übergang hin zu Agilität ist es entscheidend, dass die Arbeits- und/oder Unternehmenskultur zur agilen Arbeitsweise passt. In den vergangenen Jahren war ich auf der Suche nach relativ einfachen und effektiven Tools, um die Kultur eines Teams, einer Abteilung oder eines Unternehmens zu verbessern. Dazu habe ich mit mehreren Führungskräften gesprochen, erfolgreiche Veränderungsprojekte betrachtet und gemeinsam mit Managern nach Ideen gesucht. Dabei fand ich heraus, dass einige erfolgreiche Führungskräfte quasi unbewusst neue Gewohnheiten entwickeln konnten und so in der Lage waren, die Kultur zu verändern. Sie gehörten mit ihrer Denkweise oft zu einer von zwei Gruppen. Gruppe eins: Culture follows structure[1] (Larmans Gesetz). Das ist auch zum größten Teil das Ziel dieses Buches: neue Strukturen, neue Tools, neue Metriken und eine neue Form von Meetings bereitzustellen. Gruppe zwei: Menschen, die, ohne es sich selbst bewusst zu

1. *https://www.craiglarman.com/wiki/index.php?title=Larman%27s_Laws_of_Organizational_-Behavior*

machen, Verhaltensmuster ändern und Helden bzw. informellen Anführern[2] im Unternehmen oder der Abteilung eine neue Richtung geben können. In der Reflexion darüber konnten diese Führungskräfte es anfangs selbst gar nicht recht verstehen, warum sie in der Lage waren, eine Arbeits- oder Unternehmenskultur zu verändern. Doch mit der Zeit haben wir entdeckt, dass sie über ein gutes Gespür für Verhaltensmuster verfügten. Sie konnten Gewohnheiten erkennen, die in hohem Maße die Kultur beeinflussten. Außerdem hatten sie einen Blick für die Helden bzw. informellen Anführer und wie diese es fertigbrachten, eine Kultur zu verankern. Schauen wir uns das einmal genauer an.

Eine Kultur zu verändern ist ein zäher und intensiver Prozess, der Ausdauer und Weitsicht erfordert. Erfolgreiche Führungskräfte sind das Vorbild bzw. die Verkörperung der erstrebten Kultur. Kultur hat verschiedene Facetten und Bestandteile, die alle zusammenspielen:

- Sprache, Jargon
- Gewohnheiten, »So machen wir das hier schon immer.«
- Helden bzw. informelle Anführer
- Historie, Verhalten früherer Manager, Fusionen und Übernahmen
- Symbole (Reports, Übersichten, Listen)
- Normen und Werte

All diese Bestandteile beeinflussen einander und formen zusammen die Kultur. Das macht Kultur äußerst komplex. Ein guter Ansatz, eine Kultur zu verbessern, besteht darin, sich erst einmal auf drei Komponenten zu fokussieren, nämlich: *Gewohnheiten, Symbole und Helden*. Indem zunächst die Gewohnheiten (die Verhaltensmuster) verändert und bessere Symbole (Reports, Übersichten, Listen) etabliert werden, wird eine Kulturveränderung angestoßen. Im Anschluss werden neue Helden bzw. neue informelle Anführer gebraucht, um die neue Kultur nachhaltig zu verankern.

Wie verändert man nun also eine Kultur? Das geht mit den folgenden vier (iterativen) Schritten. Für jede Kulturveränderung, die Sie anstreben, kann dieses Vorgehen genutzt werden:

1. Entdecken und fokussieren Sie sich auf einen bestimmten Aspekt der Kultur, den Sie verändern wollen.
2. Finden Sie gemeinsam mit anderen heraus, welche Gewohnheiten die aktuelle Kultur am Leben halten.

---

2. *https://de.wikipedia.org/wiki/Informeller_Gruppenf%C3%BChrer*

3. Entwickeln Sie neue, gesunde Gewohnheiten, die die erwünschte Kultur fördern.
4. Verankern Sie die Veränderung, indem Sie Symbole (Reports, Übersichten, Listen) anpassen und die Helden bzw. informellen Anführer in Richtung des erwünschten Verhaltens lenken.

Diese Schritte bestimmen auch den weiteren Verlauf von Teil 4 dieses Buches. Sie verändern eine Kultur nicht durch einen Big Bang, sondern durch viele kleine Änderungen. Die genannten vier Schritte können sowohl für eine einzelne Veränderung als auch für eine ganze Reihe gleichzeitiger Veränderungen genutzt werden. Erfolgreiche agile Führungskräfte passen beständig die Kultur und damit das inspirierende Umfeld für ihre Teams an. Eine gesunde Kultur ist unabdingbar dafür, dass sich selbstorganisierte Teams entfalten können. Sie ist im Grunde wie Sauerstoff für die Teams. Ohne eine gesunde Kultur ist beispielsweise Zusammenarbeit nicht möglich und den Teams fehlt die effektive Fokussierung auf den Kundennutzen. Führungskräfte können ihre Teams nicht mikromanagen oder kontrollieren, sind jedoch entscheidend für die Schaffung und Verbesserung der Kultur. Denn – so viel zum Thema Helden – selbstorganisierte Teams sind nicht in der Lage, Helden mit negativer Ausstrahlung selbst zu verändern. Dazu bedarf es des Eingreifens der Führungskraft.

Um einen Ansatzpunkt für kulturelle Veränderung zu finden, schauen wir uns nun genauer an, was eine agile Kultur ausmacht.

4.1.4 Was ist eine agile Kultur?

Wie schon weiter oben erwähnt, ist es wichtig, dass die Arbeits- und/oder Unternehmenskultur zur agilen Arbeitsweise passt:

- Teamergebnisse sind wichtiger als die individuellen Ergebnisse eines Mitarbeiters.
- Lob und Anerkennung seitens der Kunden und Anwender sind die wahren Erfolgskriterien.
- Mitarbeiter verschiedener Disziplinen tauschen Wissen und Erfahrung aus.
- Es gibt kontinuierliche Innovation durch Experimente.
- Teamdenken ist entscheidend, denn kein einzelner Mitarbeiter kann alles im Blick haben.
- Im Falle eines Fehlers wird auf faire und transparente Weise reflektiert, was passiert ist, sodass viele davon lernen können.

- Die Helden bzw. informellen Anführer sind die Mitarbeiter, die Teams zum Erfolg führen und anderen helfen, sich zu entwickeln.
- Projekte, Produktentwicklungen oder Ideen frühzeitig zu stoppen ist kein Scheitern, sondern ein Moment zum Feiern, weil etwas gelernt wurde.
- Kunden zu helfen ist wichtiger, als internen Prozessen und Verfahrensweisen zu folgen.

Mit möglichst vielen verschiedenen Menschen zu den oben stehenden Aspekten einer agilen Kultur Ideen auszutauschen, ist ein guter Ausgangspunkt, eine erste kulturelle Verbesserung zu identifizieren. Sollte die bestehende Kultur einer Organisation im deutlichen Widerspruch zu den genannten Inhalten stehen, wird sich eine agile Arbeitsweise möglicherweise niemals entwickeln und entfalten können.

Mit dem ausgewählten ersten Verbesserungsaspekt können wir nun genauer schauen, wie Gewohnheiten die Kultur beeinflussen und wie sie verändert werden können.

4.1.5 Warum blockieren bestehende Gewohnheiten die neue Kultur?

Bevor Robert den Veränderungsprozess startete, gab es einige sehr ausgeprägte Gewohnheiten in seiner Abteilung. Die erste betraf das Verhalten rund um das »Arbeitsvolumen« bzw. das Backlog. Das Arbeitsvolumen jedes einzelnen Mitarbeiters war so groß, dass es unmöglich war, es innerhalb weniger Tage abzuarbeiten. Die bestehende Gewohnheit bestand darin, nicht um Unterstützung zu fragen und stattdessen einfach nach Hause zu gehen. Mal angenommen, die Mitarbeiter versuchten selbst, diese Gewohnheit zu ändern, und würden um Hilfe bitten. Und andere würden ihnen helfen. Dann würden die Mitarbeiter, die ausgeholfen hätten, am Ende ihre eigene Arbeit nicht schaffen. Das würde sich bei der Bewertung der von ihnen geleisteten Arbeit ungünstig auswirken. Da das keineswegs einen Anreiz für neues Verhalten darstellt, wird sich die Hilfe für andere auf diesem Weg nie zu einer neuen Gewohnheit oder Kultur entwickeln können.

Oder stellen wir uns weiter vor, Robert hätte eine Motivationsveranstaltung »Today Inside, Today Outside« mit vielen anregenden Vorträgen oder Workshops zu Kulturveränderung oder anderen in dieser Hinsicht inspirierenden Sessions organisiert. Würde das einen Langzeiteffekt haben? Vermutlich nicht, denn die Mitarbeiter können die Probleme kaum alleine lösen. Die bestehende Struktur blockiert die neue Kultur.

4.1.6 Was sind Gewohnheiten?

Eine Gewohnheit oder Gepflogenheit[3] ist eine Handlung oder ein Verhalten, woran man gewöhnt ist und worüber nicht explizit nachgedacht wird. Denken Sie nur an das morgendliche Zähneputzen, das Anhalten vor einer roten Ampel, das Hochziehen der Schultern bei Anspannung oder das Ausziehen der Schuhe beim Nachhausekommen. Eine solche Gewohnheit besteht aus drei Schritten: Trigger, Routine und Belohnung. Das Verhalten wird ausgelöst und danach die Routine belohnt. Zusammen bilden die drei Teile eine Gewohnheitsschleife (»Habit Loop«).

Der Trigger ist eine Situation, ein Zeitpunkt oder ein Ereignis. Die Routine ist die Handlung oder das Verhalten, das anfangs vielleicht sogar ungewohnt war, jedoch mehr und mehr zur Routine wurde. Aufgrund der Belohnung stellt unser Gehirn eine sich verstärkende Verbindung zwischen dem Trigger und dem Verhalten her. Und so handeln wir, ohne darüber nachzudenken.

4.1.7 Wie verändern sich Gewohnheiten?

Wie passen die alten und neuen Muster in die Gewohnheitsschleife?

Muster 1: Eigenes Arbeitsvolumen

	Altes Verhalten	Neues Verhalten
Trigger	Der Mitarbeiter prüft im Laufe des Tages sein Arbeitsvolumen	
Routine	Er sieht den Berg Arbeit, gibt den Rest des Nachmittags sein Bestes, wird jedoch nicht an einem Tag fertig. Er bittet nicht um Unterstützung.	Er sieht den Berg Arbeit und erkennt, dass es zu viel ist, um an diesem Nachmittag komplett erledigt zu werden. Er berät sich mit dem Team und bittet andere (auch andere Teams) um Unterstützung.
Belohnung	Keine negativen Gefühle. Hat das gleiche Arbeitsvolumen wie andere Mitarbeiter. Keiner bittet um Unterstützung.	Teamgefühl. Das Arbeitsvolumen ist am Ende des Tages auf null. Gefühl von Befriedigung, dass die Arbeit erledigt ist. Geht ohne Überstunden nach Hause.

Um die Veränderung – das Bitten um Unterstützung – herbeizuführen, muss das neue Verhalten des Mitarbeiters zeitnah belohnt werden. Wenn der Mitarbeiter beispielsweise Unterstützung erhält und so sein Tagespensum erledigen

3. *https://de.wikipedia.org/wiki/Gepflogenheit*

kann, ist die Wahrscheinlichkeit hoch, dass dieses Verhalten zur Routine wird. Doch im aktuellen Umfeld würde das Bitten um Unterstützung nicht funktionieren, da alle im Stress sind. Würde jemand helfen, dann hätte er anschließend einen noch größeren Berg Arbeit vor sich. Also wird vermutlich niemand Hilfe anbieten. Auch Mehrarbeit ist keine Lösung, denn es handelt sich hier um ein strukturelles Problem. Die Mitarbeiter können eine Zeit lang Überstunden leisten, aber auch das wird nicht zur Routine werden, denn die Arbeitslast bleibt weiterhin hoch. Weil also keines der alternativen Verhalten in irgendeiner Weise belohnt wird, kann niemand die bestehende Gewohnheit und damit die Kultur auf individueller Ebene verändern. Deshalb ist das bestehende Muster ein so starker Bestandteil der aktuellen Kultur. Die agile Führungskraft muss zuerst das Umfeld verändern, ehe sich die neue Gewohnheit herausbilden kann. Und das geschieht auch nur dann, wenn sich das neue Verhalten für die Mitarbeiter zeitnah positiv auszahlt. Erst das ermöglicht neuem Verhalten und neuen Gewohnheiten von Mitarbeitern, die Kultur zu verändern.

Muster 2: Es geht etwas schief

	Altes Verhalten	Neues Verhalten
Trigger	Ein Fehler wird entdeckt	
Routine	Andere beschuldigen	Mit anderen über die Ursachen und mögliche Lösungen nachdenken. Aus dem Fehler lernen und sich verbessern.
Belohnung	Keinerlei negative Anteilnahme. Fokus bleibt weiter bei der eigenen Arbeit.	Teamgefühl. Verbesserungsmaßnahmen werden umgesetzt. Anzahl Fehler sinkt. Kundenzufriedenheit steigt. Weniger Stress. Gutes Gefühl.

Sobald ein Fehler auftauchte, suchte der bisherige Manager sofort danach, was schiefgegangen war. Der »Schuldige« bekam – sprichwörtlich – eins auf die Finger. Da die gewonnenen Erkenntnisse nicht mit anderen geteilt wurden, passierte der gleiche Fehler an anderer Stelle wieder. Mitarbeiter, die ihre Fehler öffentlich mitteilten, sammelten bei ihrem Vorgesetzten Minuspunkte. Und wenn sich ein Mitarbeiter Zeit nahm, um Verbesserungsmaßnahmen umzusetzen, hatte das weitere Verzögerungen seiner aktuellen Arbeit zur Folge, was bei seiner damaligen Führungskraft keine Anerkennung fand. Die Folge war, dass diese Gewohnheit nicht auf Mitarbeiterebene verändert werden konnte, denn es gab kein alternatives Verhalten, das zeitnah belohnt worden wäre.

Erst als Robert begann, sich regelmäßig mit verschiedenen Mitarbeitern zu beraten, um etwas zu verändern, und diese Veränderungen sichtbar und spürbar wurden, konnte sich das neue Verhalten langsam herausbilden. Zudem lebte Robert als gutes Vorbild die gewünschte Kultur vor, indem er sich beispielsweise auf Abteilungsmeetings auf humorvolle Weise zu seinen eigenen Fehlern bekannte.

Zusammenfassend lässt sich sagen, dass Gewohnheiten ein wichtiges Instrument für den kulturellen Wandel darstellen. In diesem Sinne arbeitet die agile Führungskraft sozusagen als ein Gewohnheiten-Architekt: Sie entwirft neue Verhaltensweisen, die sich positiv auf die Kultur auswirken. In den folgenden Abschnitten werde ich auf zwei praktische Tools eingehen, die beim Kulturwandel unterstützen: die Gewohnheitenmatrix und das TO-GRIP-Muster.

Wie schnell werden Gewohnheiten kopiert?

Je stärker die Kultur verwurzelt ist, desto schneller werden die täglichen Gewohnheiten von neuen Mitarbeitern übernommen. Wenn es normal ist, füreinander Kaffee zu kochen, werden neue Mitarbeiter das binnen eines Tages verinnerlichen und so die Kultur stärken. Das Gleiche gilt für die Angewohnheit, gegen fünf Uhr nach Hause zu gehen, egal ob die Arbeit für den Tag erledigt ist oder nicht. Neue Mitarbeiter, die anfangs ihr Tagespensum noch erfüllen, dafür jedoch kaum Anerkennung erfahren, lassen das häufig bald sein.

In der Serie »Brain Games« zeigt National Geographic eine wundervolle Studie darüber, wie schnell Gewohnheiten Teil der Kultur einer Gruppe werden. Suchen Sie einfach einmal auf YouTube nach »Brain Games Peer Pressure« und schauen Sie sich den etwa viereinhalb Minuten langen Film an. Man sieht eine Frau in ein Wartezimmer kommen. Sobald ein Piepton ertönt, stehen alle im Wartezimmer auf. Wie lange wird es dauern, bis auch sie aufsteht? Genau drei Pieptöne. Aber wird sie weiterhin aufstehen, auch wenn sonst niemand mehr im Wartezimmer ist? Wird sie dieses Verhalten auf eine neue Gruppe übertragen? In dem Video sieht man am Ende eine völlig neue Gruppe von Wartenden bei jedem Piepton aufstehen. Das ist eine eindeutige Gewohnheitsschleife. Der Trigger ist der Ton, die Routine das Aufstehen und die Belohnung ist das »Dazugehören«. Der Gruppendruck sorgt dafür, dass ein neues Verhalten schnell übernommen wird.

4.2 Wie entwickelt man gesunde Gewohnheiten?

*Führungskräfte sind ein gutes Vorbild –
auch dann, wenn niemand hinschaut.*

4.2.1 Fragen zum Einstieg

1. Welche Gewohnheiten innerhalb Ihrer Organisation tragen zu einer agilen Kultur bei? Weshalb?
2. Mit welcher nicht förderlichen oder ungesunden Gewohnheit wollen Sie schon seit Längerem brechen?

Verbesserung der Kultur beginnt mit der Verbesserung von Gewohnheiten. Glücklicherweise müssen Verhaltensmuster, die bereits zu einer agilen Kultur beitragen, nicht verändert werden. Doch Verhaltensweisen, die eine agile Kultur zerstören können, müssen angegangen werden, denn das sind die ungesunden Gewohnheiten. Wie kann eine agile Führungskraft Verhaltensmuster identifizieren, die nicht auf eine agile Kultur einzahlen? Woran erkennt sie Gewohnheiten, die eine Zusammenarbeit, kontinuierliche Verbesserungen, das Übertreffen von Kundenerwartungen und agiles Arbeiten behindern können?

Zur Illustration ungesunder Gewohnheiten soll ein persönliches Beispiel beitragen. Seit Jahren habe ich die Angewohnheit, Apfelkuchen zu essen, den leckersten Kuchen, den es gibt. An Geburtstagen oder in den Trainingspausen ist es eine Angewohnheit von mir, mir das größte Stück auszusuchen und es mit Genuss zu essen. Kurzfristig ist das ganz klar eine Belohnung: Der Kuchen schmeckt einfach großartig! Aber längerfristig hat diese Angewohnheit einen negativen Effekt: Ich nehme zu. Ein unbestimmter Effekt, denn die Gewichtszunahme kann nicht direkt bis zum Apfelkuchen zurückverfolgt werden. Hinzu kommt, dass mein Gefühl und mein Ego das auch nicht wahrhaben wollen. Wegen der durchaus wirksamen kurzfristigen Belohnung und des langfristigen negativen Effekts ist Apfelkuchen essen für mich also eine ungesunde Gewohnheit.

4.2.2 Gesunde und ungesunde Gewohnheiten

Ungesunde Gewohnheiten sind leider in der Praxis nur schwer zu erkennen. Da es bei gesundem wie ungesundem Verhalten eine kurzfristige positive Belohnung gibt, erkennt man den Unterschied nur in den langfristigen Auswirkungen. Indem man bewusst nach langfristig negativen Auswirkungen sucht, können ungesunde Gewohnheiten sichtbar gemacht werden. Die nachfolgende Tabelle zeigt, welche Arten von Gewohnheiten es gibt und wie sich deren kurzfristige und langfristige Auswirkungen unterscheiden. Der Vollständigkeit halber wurde auch ein Verhalten mit einer negativen kurzfristigen Belohnung aufgenommen, doch das kann schon per Definition nicht zu einer Gewohnheit werden.

	Gesunde Gewohnheit	**Ungesunde Gewohnheit**	**Keine Gewohnheit – stattdessen Disziplin**	**Keine Gewohnheit – stattdessen dummes Verhalten**
Kurzfristige Belohnung	☺ Positiv	☺ Positiv	☹ Negative oder keine Belohnung	☹ Negative oder keine Belohnung
Langzeiteffekt	☺ Positiv	☹ Negativ	☺ Positiv	☹ Negativ

Um mit meiner ungesunden Gewohnheit zu brechen, habe ich lange versucht, bei Geburtstagen oder in Kaffeepausen nichts zu essen. Es gelang mir, wenn ich fit, energiegeladen und diszipliniert war. Ich aß Apfelkuchen nur noch in schwachen Momenten – und dann gleich zwei Stücke. Anfangs habe ich gar nicht verstanden, warum dieses disziplinierte Vorgehen nicht funktionierte. Bis ich erkannte, dass ich mit diesem Verhalten keine neue Gewohnheit entwickelt hatte. Nichts zu essen erzeugte keine kurzfristige Belohnung und so entwickelte ich weder Routine noch Gewohnheit. Also musste ich nach einem neuen Verhalten suchen, das eine kurzfristige Belohnung versprach. Am Ende habe ich angefangen, an Geburtstagen und in Kaffeepausen Obst zu essen. Und seitdem fällt es mir viel leichter, auch in schwachen Momenten keinen Apfelkuchen, sondern eine Mandarine oder … einen Apfel zu essen.

4.2.3 Tool 7: Gewohnheitenmatrix

Leider lässt sich oft nicht sagen, ob das Verhalten eines einzelnen Mitarbeiters langfristig zu einer agilen Kultur beiträgt. Das macht es schwierig, ungesunde Verhaltensmuster zu erkennen. Wie können nun die ungesunden Gewohnheiten identifiziert werden? Dazu setzt man am besten bei den unerwünschten Langzeiteffekten an und sucht von dort aus nach den zugrunde liegenden Gewohnheiten. Ich habe ein Tool entwickelt, das agilen Führungskräften bei diesem Prozess helfen kann: die Gewohnheitenmatrix. Dieses Tool unterstützt die agile Führungskraft beim kollektiven Brainstorming zu unerwünschten Auswirkungen und den zugrunde liegenden ungesunden Gewohnheiten und hilft dabei, gemeinsam gesunde Verhaltensweisen zu entwerfen. Die Gewohnheitenmatrix sieht folgendermaßen aus:

Tool 7: Gewohnheitenmatrix					
Unerwünschter Effekt	Kurze Beschreibung des Langzeiteffekts				
	Ungesunde Gewohnheit	**Disziplin**	**Idee 1**	**Idee 2**	**Idee 3 …**
Trigger	Kurze Beschreibung der Situation, die das Verhalten auslöst				
Routine	Aktuelles Verhalten	Ignorieren, nichts tun	Neues Verhalten	Alternatives neues Verhalten	
Belohnung	Aktuelle Belohnung (positiv)	Negative oder keine Belohnung	Positive Belohnung	Positive Belohnung 2	
Effekt	Negativer Langzeiteffekt	Erwarteter Effekt	Erwarteter Effekt	Erwarteter Effekt 2	

Apfelkuchen | Gewohnheitenmatrix					
Unerwünschter Effekt	Allmähliche Gewichtszunahme				
	Ungesunde Gewohnheit	**Disziplin**	**Idee 1**	**Idee 2**	**Idee 3 …**
Trigger	An Geburtstagen oder in Kaffeepausen wird Apfelkuchen serviert, der unwiderstehlich aussieht und lecker riecht				
Routine	Kuchen essen	Ignorieren, nichts essen	Mandarine essen	Mandarine draußen essen, keine Verführung	Nicht mehr zu Geburts-tagsfeiern gehen
Belohnung	☺ Schmeckt lecker, Genuss, Entspan-nung	☹ Frustrie-render Moment	☺ Schmeckt lecker, Genuss	☺ Schmeckt lecker, Genuss	☹ Einsam, zu kurz gekommen
Effekt	☹ Schlechte Kondition, Gewichts-zunahme	😐 schlanker?	☺ Gesünder	☺ Gesünder	😐 Schlanker, aber ohne Freunde?

Die Gewohnheitenmatrix wird ausgefüllt, indem Sie konsequent die folgenden Schritte durchlaufen:

1. Beschreiben Sie den gegenwärtig unerwünschten Effekt.
2. Beschreiben Sie sehr konkret eine exemplarische Situation, durch die die Gewohnheit ausgelöst wird. Dabei ist wichtig, dass Sie dies so genau wie möglich tun. Also nicht: »Ich sehe Apfelkuchen«, sondern beschreiben Sie den Zeitpunkt, die Situation, das Gefühl oder das Umfeld.
3. Beschreiben Sie dann die derzeitige Routine.
4. Beschreiben Sie die unmittelbare Belohnung. Dieser Schritt ist wichtig, um am Ende eine gute neue Gewohnheit entwickeln zu können. Eine Belohnung gut zu beschreiben, gelingt oft nicht im ersten Anlauf. Es hilft, konsequent weiter nachzufragen und alles so klar und detailliert wie möglich aufzuschreiben. Im Apfelkuchenbeispiel ist die Belohnung nämlich nicht ein voller Bauch, sondern leckerer Geschmack, Entspannung, Pause und Genuss.
5. Machen Sie die Auswirkungen von Disziplin deutlich. Bei Disziplin handelt es sich um das willensbasierte Handeln ohne positive Belohnung. Beschreiben Sie die (negative) kurzfristige Belohnung, wenn Sie nichts tun oder diszipliniert handeln, ganz konkret. Und danach benennen Sie den Langzeiteffekt, der oft nicht direkt mit diesem disziplinierten Verhalten in Verbindung gebracht werden kann.

6. Sammeln Sie Ideen für alternative Gewohnheiten. Versuchen Sie dabei, die derzeitige Routine so gut wie möglich mit der kurzfristigen Belohnung abzugleichen.

Der wichtigste Schlüssel zum Entwickeln gesunder Gewohnheiten besteht darin, ein neues Verhalten zu finden, das beinahe die gleiche kurzfristige Belohnung auslöst, jetzt aber mit einem positiven Langzeiteffekt verbunden ist. Um das zu erreichen, ist häufig viel gemeinsames Brainstorming, Suchen, Experimentieren und Erforschen von Alternativen erforderlich.

Nachfolgend sind einige konkrete Beispiele für sowohl das Erkennen zugrunde liegender Verhaltensmuster als auch für das Entwickeln gesunder Gewohnheiten aufgeführt.

4.2.4 Zugrunde liegende Gewohnheiten erkennen – zwei Beispiele

Beispiel 1: Keine Verbesserungen

Verschiedene Male wurde bereits eine Kommission gebildet, die Verbesserungsmaßnahmen erarbeiten und diese dem Management vorstellen sollte. Rückblickend sind jedoch kaum reale Verbesserungen erzielt worden. Weshalb nicht? Die Verbesserungsmaßnahmen waren doch jedes Mal greifbar, konkret und hatten einen klaren Mehrwert. Unter dem Blickwinkel, die ungesunde Gewohnheit aufzuspüren, ergaben sich neue Einsichten. Eine Gewohnheit verhinderte nachhaltig reale Verbesserungen. Wann immer im Laufe des Tages ein Manager realisierte, dass die Arbeitslast möglicherweise nicht bis zum Ende des Tages abgearbeitet sein würde, forderte er die Mitarbeiter auf, mehr und härter zu arbeiten, um die Tagesziele dennoch zu erreichen. Das löste eine Routine aus, die darin bestand, einfach nur härter zu arbeiten und sich auf die kurzfristig anfallende Arbeit zu fokussieren. Die Mitarbeiter wurden vor allem dafür belohnt, was sie pro Tag geschafft hatten. Mit dem Ergebnis, dass sie sowohl den Tag als auch die Woche mit einem weitgehend zufriedenen Gefühl abschlossen. Und Mitarbeiter, die Mehrarbeit geleistet hatten, erhielten von ihren Kollegen die entsprechende Anerkennung.

Um dieses Muster aufzubrechen, muss die agile Führungskraft die folgende Routine einführen: Wenn die Produktion in Verzug ist, wird künftig nicht mehr härter gearbeitet. Der Mitarbeiter, der Verbesserungsmaßnahmen umsetzt und deshalb seine aktuelle Arbeit nicht schafft, erhält Anerkennung. Diese Routine lässt sich jedoch nicht auf Mitarbeiterebene verändern. Die agile Führungskraft kann ihre Mitarbeiter nicht auffordern, das Problem selbstorganisiert zu lösen. Sie muss das System ändern, um die Kultur zu verändern. Schauen wir uns einmal die zugehörige Gewohnheitenmatrix aus der Perspektive des Mitarbeiters an.

Keine Verbesserungen | Gewohnheitenmatrix					
Unerwünschter Effekt	Es gibt Ideen für Verbesserungen, aber sie werden nicht umgesetzt. Es herrscht keine Kultur von kontinuierlichem Lernen und Verbessern.				
	Ungesunde Gewohnheit	**Disziplin**	**Idee 1**	**Idee 2**	**Idee 3 …**
Trigger	Hinter seiner Tagesvorgabe zurückliegen				
Routine	Härter und/oder länger arbeiten	Einfach um fünf Uhr aufhören	Verbesserungsmaßnahmen einplanen	»Verbesserungs-Tage«	
Belohnung	☺ Ziele und Vorgaben erreicht	☹ Unzufriedener Kunde und Manager	☺ Ziele und Vorgaben erreicht	☺ Umgesetzte Verbesserungsmaßnahmen	
Effekt	☹ Schnellschuss, keine Verbesserungen, erschöpft, jeden Tag dieselbe Leier	😐 Rechtzeitig zu Hause, aber keine Verbesserungen	☺ Solide und langfristige Fixes, effektiv	☺ Langfristige Fixes, Kultur der kontinuierlichen Verbesserung	

Die Mitarbeiter wollen wirklich Verbesserungsmaßnahmen umsetzen. Doch das bestehende System, die bestehende Struktur, belohnt es nicht, wenn sie Zeit dafür aufwenden. Erst wenn der Druck reduziert und die Fokussierung auf kurzfristige Ergebnisse aufgehoben wird, können sie mit dem Umsetzen von Verbesserungsmaßnahmen beginnen. Die agile Führungskraft muss durch die Veränderung des Systems Raum für die neuen Gewohnheiten schaffen. Sie wird zum Architekten neuer Gewohnheiten, indem sie das Umfeld verändert und eine kurzfristige Belohnung für das neue Verhalten schafft. So können sich die neuen Gewohnheiten festigen und zum Teil der neuen Kultur werden.

Beispiel 2: Keine Teamplayer

Nach der Einführung einer agilen Arbeitsweise gab es verschiedene Teammitglieder, die nicht zu Teamplayern wurden. Nehmen wir als Beispiel Michael. Er arbeitet schon mehr als zwanzig Jahre im Unternehmen. In den letzten Wochen haben sich etliche Mitarbeiter über sein Ego beschwert. Michael meint, dass seine eigenen Aufgaben wichtiger sind als die Arbeit für das Team.

Oft betont er, dass er allein mehr erreicht als im Team. Manche Manager wenden sich mit Kundenbeschwerden und kritischen Fehlern direkt an ihn. Dann verlässt Michael sein Team und rettet mal eben das Unternehmen. Viele Führungskräfte und Kunden schätzen seine ausgeprägten Analyse- und Lösungskompetenzen. Ihm wird auf die Schulter geklopft und Kollegen aus anderen Abteilungen bedanken sich für seine schnelle Unterstützung.

Die agile Führungskraft muss folgendes Verhaltensmuster durchbrechen: Wenn es wirklich darauf ankommt, wenden wir uns gewöhnlich an Einzelpersonen. Dadurch entsteht der Eindruck, dass – wenn es brenzlig wird – das Team weniger zählt als das einzelne Teammitglied. Doch dadurch entwickelt sich weder Teamkultur noch Zusammenarbeit. Wie sieht Michaels Gewohnheitenmatrix aus? Und was sind neue Gewohnheiten, die eine agile Kultur fördern?

Kein Teamplayer | Gewohnheitenmatrix					
Unerwünschter Effekt	Erfahrene Mitarbeiter sind keine Teamplayer, sondern Einzelkämpfer und Feuerwehrleute				
	Ungesunde Gewohnheit	**Disziplin**	**Idee 1**	**Idee 2**	**Idee 3 …**
Trigger	Kundenbeschwerde oder kritischer Fehler				
Routine	Michael, der Feuerwehrmann, repariert's.	Es ist Michael verboten, allein zu helfen	Reservierte Zeit wird für den Fix und eine strukturelle Lösung eingesetzt	Michael behebt den Fehler zusammen mit einem Mentee	
Belohnung	☺ Schulterklopfen, Retter wird als Experte gesehen	☹ Langsamere Lösung, demotivierter Michael	☺ Die strukturelle Lösung wird im Team und als Team implementiert	☺ Wissenstransfer on the job. Strukturelle Lösung wird gemeinsam implementiert.	
Effekt	☹ Schnellschuss, keine Verbesserungen	😐 Etwas Wissenstransfer, Michael ist nicht mehr so unersetzlich	☺ Michael wird als Mentor und Vorreiter für strukturelle Lösungen gesehen	☺ Langfristige Lösungen, Wissenstransfer	

Einer der Gründe, weshalb dieses Verhaltensmuster so hartnäckig ist, liegt darin, dass allein Michael die Anerkennung erhält und die negativen Effekte bei den anderen landen. Michael erfährt keinerlei negativen Langzeiteffekt bei seinen Feuerwehreinsätzen. Aufgrund seines Status in der Organisation wird Michael zum informellen Anführer bzw. zum Helden des Teams. Wegen gruppendynamischer Effekte kann das Team dieses Verhalten nicht allein durch Selbstmanagement korrigieren. Die agile Führungskraft muss eingreifen und das System und den Heldenstatus ändern. Mehr über Gruppendynamiken und Helden erfahren Sie im nächsten Kapitel.

4.2.5 Die Rolle der agilen Führungskraft

Ungesunde Gewohnheiten durch neue, gesunde zu ersetzen ist eine gute Herangehensweise, um die Kultur zu verändern. Die agile Führungskraft wird zum Architekten dieser neuen Gewohnheiten. Dazu muss sie lernen, die ungesunden Verhaltensmuster, die die unerwünschten kulturellen Effekte, Situationen oder Ergebnisse hervorrufen, zu erkennen. Dann kann sie – gemeinsam mit anderen – diese ungesunden Gewohnheiten durch gesunde ersetzen, die zu einer agilen Kultur beitragen. Und es ist entscheidend, dass die agile Führungskraft die Kultur schützt. Vor allem dann, wenn Druck oder Stress aufkommt. Denn wenn sich unter dem Druck unbefriedigender Ergebnisse die kurzfristigen Belohnungen nicht erzielen lassen, werden Zusammenarbeit, langfristige Investitionen und gemeinsames Lernen zurückgestellt. Das ist genau der Moment, an dem ungesunde Gewohnheiten schnell Wurzeln schlagen können. Die sorgsam geschaffene und wertvolle agile Kultur beginnt zu bröckeln.

Die vier Schritte zum Verändern einer Kultur lassen sich wie folgt zusammenfassen: In Schritt 1 wird eine konkrete Verbesserungsmöglichkeit benannt und in Schritt 2 das zugrunde liegende ungesunde Verhaltensmuster identifiziert. Im dritten Schritt werden, wie oben beschrieben, neue gesunde Gewohnheiten entwickelt. Zu guter Letzt werden als vierter Schritt die Symbole und Helden mit den kulturellen Veränderungen in Einklang gebracht und so verankert. Schauen wir uns das einmal näher an.

Zwei Cultural Leader

Mahatma Gandhi löste in den frühen 1900er-Jahren eine Revolution aus. Er rief die Menschen zu friedlichen Protesten gegen die Apartheid und die Unterdrückung der Inder auf. Er wurde damit zum Anführer einer neuen Kultur. Er bewegte die Menschen dazu, sich nicht für Gewalt und damit verbundene kurzfristige Gewinne, sondern stattdessen für langfristige Auswirkungen zu entscheiden. Er inspirierte Menschen, sich für eine wirklich langfristige Veränderung einzusetzen, koste es, was es wolle.

Nelson Mandela war ebenfalls Begründer einer neuen Kultur. Er wird weltweit für seinen Einfluss bei der Gründung des neuen Südafrikas gewürdigt und erhielt den Friedensnobelpreis. Während seines langen Gefängnisaufenthalts von 1964 bis 1990 entwickelte er zunehmend Empathie für die verschiedenen Bevölkerungsgruppen des Landes. Er erkannte, dass die Weißen die anderen Bevölkerungsgruppen unter Kontrolle hielten, weil sie sich vor einem Genozid fürchteten. Diese Angst stärkte die Apartheid. Mandela konnte zum neuen Anführer werden, weil er die Bedürfnisse, Ängste und Gedanken anderer wirklich nachvollziehen konnte. Er verstand, weshalb sich Menschen auf eine bestimmte Weise verhielten und was die Motivation der Anführer ausmachte. So konnte er später als Präsident die kulturellen Differenzen überbrücken. Er inspirierte und motivierte die Menschen, sich den Problemen zu stellen und sich für langfristige Veränderungen einzusetzen, statt kurzfristige Ziele zu verfolgen. Und in all dem war er ein persönliches Vorbild.

4.3 Wie werden die kulturellen Verbesserungen verankert?

»Wir sind das, was wir wiederholt tun. Vorzüglichkeit ist daher keine Handlung, sondern eine Gewohnheit.«[4]

Aristoteles

4. *https://www.aphorismen.de/zitat/12065*

4.3.1 Fragen zum Einstieg

1. Wer sind die Helden in Ihrer Organisation? Fördern und unterstützen diese Helden eine gesunde Kultur?

2. Welche Helden sind ein persönliches Vorbild für die gewünschte Kultur?

4.3.2 Prolog

Montagmorgen um 9:00 Uhr. Martin eröffnete das Vertriebsmeeting. Seit Jahren arbeitete er hier schon als Vertriebsleiter – nun wollte er einen neuen Kurs einschlagen. Das Unternehmen verdiente noch immer gut in bestehenden Marktsegmenten und mit seinen Top-3-Produkten. Um jedoch auch zukünftig erfolgreich am Markt bestehen zu können, mussten ganz neue Marktsegmente erschlossen und andere Produkte verkauft werden. Martin wusste seit Jahren, dass zwei seiner Topverkäufer die Helden im Unternehmen waren. Diese zwei hatten wiederholt sehr große Aufträge an Land gezogen, was maßgeblich zum Erfolg des Unternehmens beigetragen hatte. Andere Mitarbeiter, die die neuen und innovativen Produkte verkaufen wollten, mussten oft viel mehr Aufwand für kleinere Aufträge betreiben und fielen so nicht auf. Doch letztlich waren sie es, die an der Zukunft bauten und – im Gegensatz zu den zwei Topverkäufern – neue Marktsegmente erschlossen und neue Produkte platzierten. Martin musste etwas verändern. Als Erstes führte er erfolgreich einige neue Gewohnheiten ein: mehr zusammenarbeiten, Kunden zusammenbringen und Wissen teilen. Doch das war noch nicht ausreichend für die von ihm gewünschte Veränderung. Es wurde Zeit, dass seine Helden sich änderten, oder es wurde Zeit für neue Helden.

Es dauerte etwas, ehe Martin erkannte, dass die Reports, Boni und Regelungen für Beförderungen maßgeblich bestimmten, wer die Helden bzw. informellen Anführer waren. Deshalb nannte er diese Treiber *Symbole.* Martin beschloss daher, zuerst die Reports anzupassen. Von nun an stellte er die Aufträge in einer anderen Reihenfolge dar: Nicht mehr der Umfang der Bestellung war ausschlaggebend, sondern ob es sich um Bestellungen innovativer Produkte handelte. Dadurch tauchten plötzlich andere Aufträge an der Spitze der Liste auf. Bisher kaum beachtete Mitarbeiter konnten nun berichten, wie es ihnen gelungen war, diese Produkte erfolgreich zu verkaufen. So erfuhren diese Mitarbeiter mehr Aufmerksamkeit und Anerkennung. Und Martin wurde nicht müde zu betonen, warum dieses neue Reporting wichtig für die Zukunft des Unternehmens sei.

Nach einigen Wochen registrierte Martin, dass sich die Helden zu ändern begannen. Die beiden Topverkäufer passten ihr Verhalten an und begannen, innovative Produkte zu verkaufen, auch wenn dadurch das Auftragsvolumen kleiner war. Und so wurden sie zu Helden der neuen Arbeitsweise und des damit verbundenen Mindsets. Diejenigen, die ihre Arbeitsweise nicht veränderten, fanden kaum noch Beachtung. Und falls sie auch nach längerer Zeit nicht daran dachten, ihr Verhalten anzupassen, konnten sie sich auf ein unbequemes Gespräch mit Martin gefasst machen. Einige der Helden erfuhren in der Folgezeit erfreulicherweise auch die volle Anerkennung der anderen Mitarbeiter und wurden so zu den neuen informellen Anführern. Das bewirkte die endgültige Veränderung.

4.3.3 Wer sind die Helden einer agilen Kultur?

Die Helden bzw. die informellen Anführer sind die Menschen, die mit ihrer Einstellung und ihrem Verhalten so erfolgreich sind, dass dieses Verhalten von anderen kopiert wird. Sie haben sogenannte Follower, die ebenfalls erfolgreich sein wollen und deshalb das Verhalten kopieren. Helden können einen positiven oder negativen Einfluss auf die Kultur haben. Wenn beispielsweise eine Person betrügt, lügt und niemanden unterstützt, sie aber mit diesem Verhalten erfolgreich ist und nicht von der formellen Führungskraft korrigiert wird, dann ist es wahrscheinlich, dass dieses Verhalten von anderen kopiert und Teil der Kultur wird. Wenn nun ein neuer Mitarbeiter hinzukommt, der dadurch Erfolg hat, dass er sich entgegengesetzt verhält, also ehrlich, verletzbar und ein echter Teamplayer ist, dann kann er möglicherweise dem derzeitigen Helden entgegentreten und den Status eines informellen Anführers vom Team zuerkannt bekommen. Er wird so die Entstehung einer neuen Kultur vorantreiben und nach einiger Zeit kann eine völlig andere Stimmung und Arbeitsatmosphäre entstehen.

Weil Helden erfolgreich sein müssen, wird der Heldenstatus durch Symbole wie Reports, Listen, Übersichten und Boni unterstützt. Und weil die Helden so erfolgreich sind und ihr Verhalten von anderen kopiert wird, ist ihr Verhalten beständig. Es ist sehr wahrscheinlich, dass sie wieder und wieder dasselbe Verhalten zeigen werden. Das macht sie zu den Grundpfeilern der Kultur. Die Helden beziehen ihren Status aus grundlegenden Gruppendynamiken, aus den Interaktionen zwischen den Menschen im Team. Weil ihre Einstellungen kopiert werden und andere ihrem Verhalten folgen, erlangen sie ihren Heldenstatus. So haben sie einen informellen Einfluss auf ihr Umfeld.

Um zu verstehen, warum die bestehende Kultur so schwierig zu verändern ist, und um das neue Verhalten in der Kultur zu verankern, braucht die agile Führungskraft ein feines Gespür für diese Helden. Erfolgreiche agile Führungskräfte haben eine konkrete und klare Vorstellung davon, was sie von solchen informellen Anführern erwarten. Und je konkreter und greifbarer dieses Bild ist, um so leichter fällt es ihnen, die richtigen Menschen zu finden und ihnen Anerkennung und Unterstützung zuteilwerden zu lassen. Diese Helden an die neue Arbeitsweise heranzuführen, ist ein äußerst effektiver Weg, Veränderungen voranzubringen. Dabei geht es nicht um ein großes Veränderungsprojekt mit Meilensteinen und vielen ambitionierten Zielen. Nein, eher um das genaue Gegenteil: eine virale Veränderung. Eine Veränderung, die in Gang gesetzt wird und sich dann wie von selbst innerhalb der Teams ausbreitet.

Diese informellen Anführer sind die Vorbilder für alle anderen und nehmen sie mit in die Veränderung. Die neue Kultur ist verankert, wenn die Symbole und Helden zueinander passen. Deshalb ist es wichtig, dass die Reports, Übersichten und Beförderungschancen die richtigen Helden fördern.

4.3.4 Eine Handvoll Menschen prägt die Kultur für viele

Wenn man beim Blick auf die Kultur durch die Heldenbrille schaut, dann entsteht eine neue Perspektive auf kulturellen Wandel. Die agile Führungskraft muss sich nun nur noch auf einige wenige Helden bzw. informelle Anführer fokussieren, um die Kultur für viele zu verändern. Wenn diese Helden das neue Verhalten und die neuen Gewohnheiten vorleben und Vorbilder der agilen Kultur sind, werden sie auch die anderen beeinflussen. Das erzeugt eine komplett neue Sichtweise auf den eigentlichen Veränderungsprozess. Die agile Führungskraft setzt etwas in Gang, indem sie wenige passende Helden beeinflusst, die wiederum den Rest der Mitarbeiter mitnehmen. Das macht nochmals deutlich, wie wichtig die passenden Helden für eine Organisation sind. Wenn ein Held mit einem unpassenden Verhalten Einfluss auf die Mitarbeiter hat, kann sich eine agile Kultur nicht entwickeln.

Aus einer gruppendynamischen Perspektive stünde dann der Rest der Mitarbeiter vor der nahezu aussichtslosen Aufgabe, auf diesen falschen (bzw. negativen) Helden einzuwirken. Doch dazu fehlt ihnen die Handhabe. Das ist Aufgabe und Verantwortung der agilen Führungskraft. Sie muss in einem solchen Fall eingreifen und aktiv werden. Oft bleiben ihr dann nur zwei Optionen:

1. den Helden zur Veränderung zu bewegen oder
2. hart durchzugreifen und diesen Helden, der einen so schlechten Einfluss auf die Kultur hat, – wenn nötig – zu entlassen.

4.3.5 Die kulturellen Verbesserungen verankern

Nach dem Erkennen eines kulturellen Verbesserungspotenzials, der Analyse der ungesunden Verhaltensmuster und der Entwicklung neuer gesunder Gewohnheiten, die sie ersetzen können, bleibt als letzter Schritt noch, die kulturelle Veränderung zu verankern. Berücksichtigen Sie für eine nachhaltige Kulturveränderung deshalb die folgenden Schritte:

1. Passen Sie die Symbole der Organisation an, um agiles Verhalten zu fördern. Symbole sind beispielsweise Reports, Übersichten, Karrierepfade und Boni. Wenn diese Symbole kurzfristiges Denken, härteres Arbeiten, Wissensinseln und das Vertuschen von Fehlern fördern, entwickeln sich die Helden innerhalb einer solchen kontraproduktiven Kultur.
2. Entdecken Sie die Helden. Wer erfährt Anerkennung und wem folgen andere Mitarbeiter? Wessen Verhalten wird kopiert? Führen Sie mit diesen Mitarbeitern Vieraugengespräche, um ihre Motivation, ihre Leidenschaft und ihre Talente zu verstehen.
3. Sprechen Sie offen im Team darüber, was Sie von Helden erwarten, und zeichnen Sie ein klares Bild, wie positives Verhalten aussieht.
4. Sorgen Sie dafür, dass die Helden mit dem neuen Verhalten erfolgreich sind – entweder dadurch, dass Sie bestehende Helden unterstützen, das neue Verhalten anzunehmen, oder indem Sie neue Helden erschaffen.
5. Ergreifen Sie, wenn es erforderlich ist, drastische Maßnahmen gegen die falschen Helden, denn sie sind wie das Unkraut zwischen den Kulturpflanzen.

Zusammenfassend kann man sagen, dass Helden entstehen oder sich anpassen, wenn Symbole verändert werden. Es ist jedoch erforderlich, sie während dieser Veränderungen zu begleiten und zu coachen. Informelle Anführer haben das Potenzial, ihre Kollegen mitzunehmen. Wenn es solchen Menschen gelingt, mit ihrer neuen Einstellung und ihrer neuen Haltung zum Vorbild für alle anderen zu werden, kann eine agile Kultur zur Realität werden.

Bleibt noch eine wichtige Sache: die tief verwurzelten Gewohnheiten der agilen Führungskraft selbst – insbesondere in Bezug auf die Umsetzung von Verbesserungsmaßnahmen und strategischen Inhalten. Wie kann eine agile Führungskraft die richtigen Gewohnheiten erlernen, wenn es um Entscheidungen, Verbesserungen, das Setzen von Zielen und das Vorgeben von Richtung geht? Mit anderen Worten: Wie erlernt sie Gewohnheiten, die zu einer agilen Kultur gehören? Im nächsten Abschnitt stelle ich Ihnen dafür ein praktisches Werkzeug vor.

4.4 Was sind passende Gewohnheiten, um Verbesserungen umzusetzen?

In einer komplexen Umgebung können Verbesserungen nicht geplant oder budgetiert werden. Verbesserungen entdeckt man Schritt für Schritt.

4.4.1 Fragen zum Einstieg

1. Wie werden strategische Verbesserungen in Ihrer Organisation umgesetzt?
2. Welche strategischen Verbesserungsmaßnahmen sind so komplex und schwer einzuschätzen, dass sie nicht geplant werden können?

4.4.2 Prolog

Patrick arbeitet nun seit neun Monaten als agile Führungskraft und ist sehr zufrieden mit den erfolgreichen Veränderungen der letzten Monate. Er hat das Gefühl, das Schwierigste nun hinter sich zu haben. Er weiß jetzt, wie er Ziele setzt, die den Fokus auf den Kunden erhöhen. Er beobachtet auch, dass die Teams nun Ownership übernehmen, weil sie das richtige Maß an Freiheit erhalten. Sie erreichen beständig einen höheren Reifegrad und entwickeln Eigeninitiative. Und glücklicherweise lernen die Teams nun auch viel schneller von ihren Kunden, sodass sie selbst am besten wissen, ob sie das Richtige tun.

Doch Patrick treibt noch immer eine wichtige Frage um. Einige der Veränderungen sind so umfangreich, dass sie über verschiedene Teams hinweg implementiert werden müssen. Die Teams sind hervorragend in der Lage, Verbesserungen mit direktem Bezug zu ihrem eigenen Fokus und ihrer Kundenwirksamkeit umzusetzen. Doch große Veränderungen über mehrere Teams hinweg einzuführen, ist immer noch schwierig und wenig erfolgreich. Beispielsweise ist es erforderlich, die gesamte Customer Journey zu überarbeiten. Die Codequalität der Software muss ebenfalls steigen und ein weiteres Thema betrifft die Auswirkungen von Gesetzen und Regularien, die zwingend bis zu einem festen Zeitpunkt umgesetzt sein müssen. Dazu braucht es die Zusammenarbeit mehrerer Teams. Patrick hatte bisher die Angewohnheit, die dazu erforderlichen Analysen selbst durchzuführen, erste Pläne aufzustellen und Budgets zur Verfügung zu stellen. Doch wenn er das erneut täte, würde er die mühsam aufgebaute agile Kultur wieder zerstören. Ihm ist klar, dass die Teams das als *Command & Control* auffassen würden. Sie würden nicht lernen, selbst mit derartigen Themen umzugehen, und auch keinerlei Ownership dafür übernehmen. So müsste er selbst wieder viel zu tief in die Details einsteigen, statt weiter an einem optimalen Umfeld arbeiten zu können.

Patrick muss sich also zuerst selbst neue Verhaltensweisen im Umgang mit großen Veränderungsprojekten aneignen. Erst dann kann er von seinen Mitarbeitern dasselbe erwarten. Doch was ist dafür eine passende Gewohnheit? Um das herauszufinden, unternimmt Patrick den Versuch, diese großen Veränderungen zu implementieren, ohne die entstandene Lern- und Experimentierkultur zu verletzen. Im Gegenteil – sein Ziel ist es, diese Kultur währenddessen weiter zu stärken. Ihn beschäftigt ein Gedanke: Die Prinzipien, kontinuierlich zu lernen, Dinge messbar zu machen und schnell auf Veränderungen zu reagieren, müssen doch auch bei derart großen Veränderungen anwendbar sein. So fragt er einige Mitarbeiter, ob sie am Nachmittag Zeit für ein Brainstorming haben.

4.4.3 Tool 8: TO-GRIP

In den vergangenen Jahren habe ich viele Führungskräfte mit der Implementierung großer Verbesserungsprogramme ringen sehen. Sie suchten nach neuen Wegen jenseits von Analysen, Plänen und Kostenmanagement. Dafür gibt es nun ein praktisches Tool für die agile Führungskraft: TO-GRIP. Dieses Werkzeug hilft bei Brainstorming und kontinuierlicher Verbesserung. TO-GRIP unterstützt die agile Führungskraft dabei, ein Umfeld zu schaffen, in dem mehrere Teams große Verbesserungsprojekte gemeinsam umsetzen können.

TO-GRIP, das achte Tool in diesem Buch, besteht aus sechs Teilen, die konkret festgelegt werden müssen und eng miteinander verzahnt sind. Jedes dieser Teile ist für die korrekte Arbeitsweise des Tools wichtig. Das Werkzeug eignet sich für Verbesserungen, strategische Fragestellungen und große Veränderungsprojekte. Sowohl das Management als auch die Teammitglieder können die Initiative ergreifen und das Tool einsetzen.

In einem Workshop mit verschiedenen Mitarbeitern wird TO-GRIP für ein konkretes Thema erstellt und ausgefüllt. Die sechs Teile machen das Thema messbar, Erwartungen werden explizit und konkrete Übereinkünfte zur Zusammenarbeit während der kommenden Periode werden getroffen.

Team 	Wer wird gebraucht, um die Verbesserung umzusetzen? Welche Mitarbeiter werden wir dazu heranziehen? Handelt es sich dabei um ein bereits bestehendes Team oder stellen wir ein neues Team von Mitarbeitern aus verschiedenen Teams zusammen? Wird dieses Team das notwendige Maß an Freiheit erhalten, um Ownership zu übernehmen?
Owner 	Wer erhält das Mandat, die vom Team vorgeschlagenen Entscheidungen zu unterstützen? Wer übernimmt die Führungsrolle mit den erforderlichen Befugnissen, um die Verbesserung umzusetzen? Diese Person wird dem Team das zur Reife passende Maß an Freiheiten einräumen, sodass es Ownership übernehmen kann. Sie konzentriert sich darüber hinaus auf das Verändern von zugrunde liegenden Gewohnheiten.
Goal 	Worin besteht die Herausforderung, das Problem oder die Verbesserung? Worin besteht der KVI, also das messbare Ziel, das erreicht werden soll – am besten in Form von Kundennutzen ausgedrückt?
Rhythm 	Wann wird sich das Team treffen? Wie groß ist die Timebox? Wie groß ist die erwartete T2L?
Insight 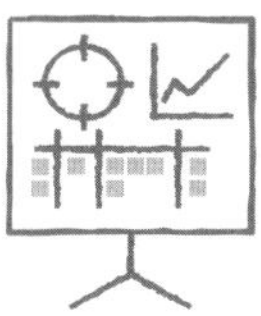	Wo sind die Übersichten zu finden? Beispielsweise das VLB, das visualisierte Ziel, die aktuelle Trendlinie des KVI und die derzeitige T2L?
Period 	Nach wie vielen Wochen oder Monaten prüfen wir, wo wir stehen? Oder müssen wir weiterarbeiten, bis das Ergebnis gut genug ist? Für welche Periode bitten wir das Team um Commitment? Nach wie vielen Monaten gibt es ein formelles Review, um zu prüfen, ob wir weitermachen?

Das Akronym aus den Anfangsbuchstaben der sechs Bestandteile formt den Namen des Tools: TO-GRIP. Auf die beschriebene Weise haben beide – die agile Führungskraft und das agile Team – die Verbesserungen, strategischen Fragestellungen oder wesentliche Veränderungen besser im Griff. Auf *www.tval.nl* finden Sie etliche konkrete Beispiele für den Einsatz des Werkzeugs.

Mit TO-GRIP kann die agile Führungskraft Verbesserungen einführen, ohne die agile Kultur in Mitleidenschaft zu ziehen. Darüber hinaus kann sie das Tool einsetzen, wenn sofortiges Eingreifen erforderlich ist, um gravierenden Fehlern oder negativen Auswirkungen vorzubeugen. Wenn alle darin übereinstimmen, dass TO-GRIP ausgefüllt wird, sobald die Führungskraft das Gefühl hat, irgendetwas läuft nicht rund, kann eine solche Einsicht mit allen geteilt werden. So erhält die agile Führungskraft Feedback, ob ihre Beobachtungen zutreffend sind. Wenn etwas wirklich fehlschlägt, entwickelt sie gleichzeitig ein Gefühl dafür, inwieweit die Teams in der Lage sind, den Fehler zu korrigieren und daraus zu lernen. TO-GRIP ist darüber hinaus ein Ansatz für strukturiertere Lösungen. Mit TO-GRIP entsteht eine gesunde Gewohnheit, wie die agile Führungskraft zur Umsetzung großer Verbesserungen eingreifen und dabei gleichzeitig etwas zur agilen Kultur beitragen kann. Denn nur dann können Teams beständig weiter wachsen, zusammenarbeiten und mehr und mehr Eigeninitiative ergreifen.

4.5 Zusammenfassung Teil 4

Agile Führungskräfte geben ihren Teams viel Freiheit, Raum, Vertrauen und Inspiration für ihre tägliche Arbeit und die Erhöhung ihrer Wirksamkeit für den Kunden. Sie halten sich im Hintergrund und widerstehen dem Bedürfnis, sich in das Tagesgeschäft der Teams einzumischen. Wenn die Ziele inspirieren, die Teams Ownership übernehmen und die T2L kurz ist, kann sich die agile Führungskraft mehr und mehr ausschließlich auf die Arbeits- und Unternehmenskultur fokussieren. Sie kann sie korrigieren und verbessern und so ein zunehmend besseres Umfeld für die Entwicklung ihrer agilen Teams schaffen.

»Culture follows structure« (Larmans Gesetz) – deshalb ist es für die Weiterentwicklung der Kultur entscheidend, dass Artefakte wie der KVI, das Ownership-Modell und die T2L kontinuierlich verbessert werden. Doch das Verbessern der Kultur erfordert ebenso das Entwickeln neuer Gewohnheiten und das Beeinflussen von Helden. Neben einer beständigen Verbesserung der Struktur können die zugrunde liegenden Gewohnheiten und die Helden durch die folgenden vier Schritte weiterentwickelt werden:

1. Entdecken und fokussieren Sie sich auf einen Aspekt der Kultur, den Sie verbessern möchten.
2. Finden Sie gemeinsam mit anderen heraus, welche Gewohnheiten die aktuelle Kultur am Leben halten.
3. Entwickeln Sie neue, gesunde Gewohnheiten, die die erwünschte Kultur fördern.
4. Verankern Sie die Veränderung, indem Sie Symbole (Reports, Übersichten, Listen) anpassen und die Helden bzw. informellen Anführer in Richtung des erwünschten Verhaltens lenken.

So vollzieht sich der Kulturwandel, indem sich beständig kleine Sachverhalte verändern. Nicht durch einen Big Bang, sondern indem eine virale Veränderung in Gang gesetzt wird. Erfolgreiche agile Führungskräfte entwickeln ein gutes Gespür sowohl für die Gewohnheiten als auch für die Helden in ihrer Organisation, und sie verstehen, wie sie sich beider bedienen können, um kontinuierlich das Umfeld weiterzuentwickeln.

Gewohnheiten sind ein entscheidender Faktor, um eine Kultur zu beeinflussen und zu verändern. Gewohnheiten sind Handlungen von Mitarbeitern oder Teams, die durch eine bestimmte Situation angestoßen werden und sich kurzfristig auszahlen. Dadurch wird dieses Verhalten mehr und mehr zur Routine. Mittels Gewohnheiten kann eine Kultur verbessert werden, indem Alternativen zu den ungesunden und nicht zielführenden Verhaltensmustern gefunden werden. Ungesunde Gewohnheiten haben einen negativen Langzeiteffekt, der die gewünschte agile Kultur unterminiert. Die Lösung im Umgang mit diesen ungesunden Gewohnheiten besteht darin, dass neues, besseres Verhalten zeitnah belohnt wird, statt das alte Verhalten zu verbieten oder lediglich Disziplin einzufordern. Auf diese Weise können die negativen Langzeiteffekte der ungesunden Gewohnheiten durch positive Langzeiteffekte neuer, zielführender Verhaltensweisen ersetzt werden. Und das führt zu einer besseren Arbeits- und Unternehmenskultur. Die Gewohnheitenmatrix unterstützt dabei, ungesunde Verhaltensmuster zu identifizieren und durch gesunde Gewohnheiten zu ersetzen. Dieses siebte Werkzeug des Toolkits für agile Führungskräfte schafft Klarheit über Gewohnheiten, ihre Trigger oder Auslöser, die kurzfristigen Belohnungen und ihre langfristigen Konsequenzen. Mithilfe der Gewohnheitenmatrix können neue Verhaltensweisen entwickelt werden, die zu einer agilen Kultur beitragen.

Sobald sich Verhaltensweisen und Gewohnheiten beständig verbessern, sollte sich die agile Führungskraft zunehmend auf Symbole und Helden fokussieren. Die Helden sind die informellen Anführer der Teams. Symbole sind Reports, Übersichten und Boni. Indem Helden und Symbole mit der gewünschten agilen Kultur in Einklang gebracht werden, lässt sich diese verankern.

Zu guter Letzt ist es entscheidend, dass Verbesserungen und strategische Themen, die mehrere Teams betreffen, ebenfalls in die agile Kultur eingebettet werden. TO-GRIP, ein Set von sechs Bestandteilen, unterstützt die agile Führungskraft dabei, diese Art von Verbesserungen und strategischen Themen auf eine konstruktive Weise anzupacken. Mit diesem achten Werkzeug des Toolkits stimuliert die agile Führungskraft eine Kultur der Zusammenarbeit zwischen den Teams, erhöht ihre Wirksamkeit beim Kunden und fördert das schnelle Lernen vom Feedback echter Anwender.

4.5.1 Die agile Führungskraft als Cultural Leader

Wenn die Zeiten schwieriger sind und Druck auf die Organisation ausgeübt wird, ist es umso wichtiger, dass die agile Führungskraft über die agile Kultur wacht. Denn falls unter Druck die kurzfristigen Belohnungen förderlichen Verhaltens nicht realisiert werden, können dadurch Zusammenarbeit, langfristige Investitionen und die Lernkultur zerstört werden. Das ist dann der Moment, in dem ungesunde Gewohnheiten Fuß fassen können. Die sorgsam aufgebaute und wertvolle agile Kultur kann dadurch zerbröckeln. Agile Führungskräfte erkennen derartige Momente und treten dann in den Vordergrund. Sie setzen sich mit ganzer Kraft ein, beweisen Mut, begleiten so die Teams durch die schwierige Phase und hören nicht auf, die Kultur wiederherzustellen und weiterzuentwickeln. Das macht sie zu wahren agilen Führungskräften.

4.5.2 Konkrete Maßnahmen

Nachfolgend einige konkrete Fragen, die dabei helfen können, die Tools, Beispiele und Ideen aus dem vierten Teil des Buches in die Praxis zu überführen:

1. In welchen Situationen ist es für Sie besonders schwierig, als Führungskraft aufzutreten?
2. Welche Gewohnheiten entwickeln Sie für sich selbst, um in Ihrer Rolle als Führungskraft gesund zu bleiben?
3. Wer inspiriert und motiviert Sie, auch oder gerade wenn Sie durch raue Zeiten gehen?

Nach der Lektüre dieses Buches

Weshalb ein neues Toolkit

Die Welt um uns herum verändert sich immer schneller. Wie John P. Kotter schon sagte: »Perhaps the greatest challenge business leaders face today is how to stay competitive amid constant turbulence and disruption.«[1] Neue Technologien, neue Marktchancen und neue Wettbewerber tauchen unerwartet und unvorhergesehen auf. Das ist einer der Gründe, weshalb sich Agilität und das Arbeiten mit agilen Teams zunehmend verbreiten. Dieses Umfeld erfordert eine neue Art, Organisationen zu führen. Agile Führungskräfte führen ihre Teams auf eine völlig neue Weise. Sie führen, indem sie genau das Umfeld schaffen, das ihre selbstorganisierten Teams brauchen, um wachsen und sich entwickeln zu können. Innerhalb dieser Umgebung optimieren die Teams ihre Prozesse selbst, erhöhen ihre eigene Effektivität und Effizienz und treffen tagtäglich alle nur erdenklichen Entscheidungen. Dadurch werden diese Teams selbstorganisiert. Sie organisieren ihre Arbeit selbst und verfügen über alle dazu erforderlichen Fähigkeiten und Fertigkeiten. Diese agilen Teams sind in sich selbst agil, denn sie können sehr schnell auf neue Technologien, Bedrohungen durch Wettbewerber und die sich ständig ändernden Anforderungen ihrer Kunden reagieren. Sie müssen nicht auf offizielle Zustimmung, Managemententscheidungen oder Top-down-Strategieänderungen warten. Weil sie eine kurze Feedbackschleife mit ihren Kunden und Anwendern etabliert haben, können sie kontinuierlich mit neuen Ideen experimentieren, die Produkte und Dienstleistungen verbessern und sich mit anderen selbstorganisierten Teams abstimmen.

Die agile Führungskraft ist der Architekt dieser Umgebung. Sie übernimmt die Verantwortung dafür, das erforderliche Umfeld für ihre Mitarbeiter und Teams zu schaffen. Und wenn die Teams sich nicht entwickeln, Dinge fehlschlagen oder Kunden unzufrieden sind, wird die agile Führungskraft das als Feedback zu dem von ihr geschaffenen Umfeld betrachten. Sie bittet ihre Mitarbeiter um Feedback und Unterstützung bei der weiteren gemeinsamen Anpassung und Verbesserung dieser Umgebung.

Toolkit für agile Führungskräfte

Agile Führungskräfte bieten ihren agilen Teams also ein inspirierendes Umfeld, um sich entwickeln zu können. Doch wie schaffen sie es, eine derart fördernde und zugleich fordernde Umgebung zu gestalten? Dazu braucht es sowohl ein neues Mindset als auch eine Reihe neuer Fähigkeiten und Fertigkeiten. Sie müssen Altes verlernen und Neues erlernen. Sie entwickeln beim Führen in in-

1. *https://hbr.org/2012/11/accelerate*

spirierenden Umgebungen wahre Meisterschaft, weil sie es regelmäßig tun. Um die agile Führungskraft zu unterstützen, bietet dieses Buch praktische Werkzeuge, Ideen für Workshops, Metriken und konkrete Beispiele, die sofort in die Praxis umgesetzt und im Laufe der Zeit weiterentwickelt werden können.

Komplexes Umfeld

Agile Teams arbeiten in komplexen Umfeldern. Was von ihnen getan werden muss, wurde noch nie zuvor getan, und was es braucht, um dabei erfolgreich zu sein, lässt sich im Vorfeld nicht analysieren oder von anderen Organisationen kopieren. Die Teams brauchen ein genau auf die aktuelle Situation zugeschnittenes einzigartiges Umfeld. Nach einiger Zeit können sich die Anforderungen an das Umfeld verändern. Das kann beispielsweise durch eine Veränderung bei den im Unternehmen beschäftigten Menschen, durch reifere Teams, neue Technologien und geänderte Marktsituationen verursacht werden. Die beständige Anpassung der Umgebung und insbesondere die zugrunde liegende Kultur brauchen den konstanten Fokus der agilen Führungskraft. Und das nicht deshalb, weil sie so genial ist und alles überblicken kann, sondern weil sie sich auf das kollektive Wissen verschiedener Menschen stützt und offen und aufrichtig um Unterstützung bittet, statt sich auf frühere Erfolge zu berufen.

Struktur und Kultur

Um kontinuierlich ein passendes Umfeld zu schaffen, muss die agile Führungskraft sowohl die Struktur, also greifbare Dinge wie Meetings, Metriken, Mandate und Übersichten, als auch die Kultur oder weiche Faktoren wie Gewohnheiten und Heldentum weiterentwickeln. Wenn sie beispielsweise die Kultur der Kundenorientierung verbessern will, kann eine Verkürzung der T2L häufig ein guter erster Schritt sein, weil die Teams so schnelles Feedback von echten Anwendern bekommen. Ein greifbarer KVI unterstützt die Fokussierung auf den Kunden. Ebenso ist ein gutes Gespür für Gewohnheiten und Helden wichtig, um eine Kultur der Kundenorientierung zu verankern.

Die Werkzeuge in diesem Buch unterstützen die agile Führungskraft, kontinuierlich das Umfeld weiterzuentwickeln – und zwar sowohl hinsichtlich der harten als auch der weichen Faktoren.

Entwerfen – Benutzen – Lernen

Die Einführung eines jeden Werkzeugs ist ebenfalls eine komplexe Aufgabe. Es lässt sich im Vorfeld nicht vorhersagen, wie das Tool konkret aussehen sollte. Der einzige Weg, jedes Tool gut zu implementieren, besteht darin, eine erste Version zu entwerfen, herauszufinden, wie sich das Tool in der Praxis verhält, und auf diese Weise zu lernen. Das verlangt von der agilen Führungskraft, ihren agilen Teams während der Implementierung der verschiedenen Tools aufrichtig und offen zu begegnen. Ehrliches Feedback, wie das Tool in der Praxis wirklich funktioniert, ist entscheidend, um das Umfeld zu verbessern. Das erfordert das passende Verhalten der Führungskraft gegenüber ihren Teams – sie muss eigene Schwächen eingestehen können und aufrichtig sein. Indem sie ihre Schwächen zeigt, vermittelt die Führungskraft, dass sie weder im Besitz der alleinigen Wahrheit ist noch alle Antworten bereits kennt. Aufrichtigkeit ist deshalb wichtig, weil sie so ihre Motivation und Leidenschaft demonstriert, sich kontinuierlich weiterzuentwickeln, und andere auffordert, ebenso aufrichtig und ehrlich zu sagen, was sie denken und fühlen.

Das achte Tool, TO-GRIP, kann für viele Zwecke verwendet werden, angefangen bei der Verbesserung von Marketingkampagnen bis hin zur Erhöhung der Produktqualität und auch zur Implementierung aller anderen in diesem Buch beschriebenen Tools. Eine Gruppe von Menschen zusammenzubringen, die diese Veränderungen unterstützen und voranbringen wollen, kann die agile Führungskraft entlasten. Möglichst viele verschiedene Menschen um ihre aufrichtige und ehrliche Meinung zu bitten, wie die Veränderungen laufen und aufgenommen werden, und in einem regelmäßigen Rhythmus gemeinsam über Verbesserungspotenziale nachzudenken, ist ein wirksamer Weg, schrittweise das agile Umfeld weiterzuentwickeln.

Gleichgesinnte finden

Wir wollen an unterschiedlichen Orten in der Welt lokale Communitys Gleichgesinnter ins Leben rufen, die mit den Tools aus diesem Buch arbeiten. Nehmen Sie mit mir über die Website *www.tval.nl* Kontakt auf, wenn Sie eine lokale Community gründen oder einer bereits bestehenden beitreten wollen. Ich möchte auf diese Weise eine Community schaffen, in der agile Führungskräfte voneinander lernen und ihre Entdeckungen, Fehler, Herausforderungen und Erfolge teilen können.

Ich wünsche Ihnen viel Freude auf dem Weg zu einer besseren agilen Führungskraft für Ihre selbstorganisierten Teams, sodass diese sich entfalten und weiterwachsen können.

Über den Autor

Peter Koning ist selbst jahrelang als agile Führungskraft in mehreren selbstorganisierten Teams tätig gewesen. Nach dem Informatikstudium an der Universität Leiden arbeitete er zunächst als Senior Entwickler und als Teammanager. 2005 begann er, sich mit dem agilen Mindset und dem Scrum-Framework zu beschäftigen – während der ersten Jahre als Manager von Teams in den Niederlanden und in Rumänien. Dabei hat er viel über die Bedeutung einer guten Unternehmenskultur gelernt. In den folgenden Jahren war Peter in verschiedenen Rollen – Scrum Master, Teamleiter, agiler Projektleiter und Abteilungsleiter – tätig. Als agiler Projektleiter trug er Verantwortung für ein großes Projekt, in dem das Flaggschiff eines Unternehmens komplett neu gebaut werden musste. In dieser Zeit ist ihm klar geworden, wie wichtig es ist, schnell von echten Anwendern zu lernen. Als Abteilungsleiter war er für verschiedene agile Teams sowohl in *Betriebs*- als auch in *Entwicklungs*umfeldern verantwortlich. Dabei lernte er, welche Bedeutung Ownership zukommt und wie wichtig es ist, das dafür passende Umfeld zu schaffen, sodass Teams diese annehmen können.

Aktuell arbeitet Peter als Senior Leadership Consultant bei Prowareness. In dieser Position hat er bereits eine Reihe von Führungskräften zum Thema agile Führung beraten, geschult und gecoacht, daneben mehrere agile Transformationen begleitet und viele Trainings und Workshops gehalten. Ihm ist dabei aufgefallen, dass viele agile Führungskräfte anscheinend die gleichen Fragen beschäftigen. Sie sind schnell vom Mindset und den Möglichkeiten agilen Vorgehens begeistert, tappen aber im Dunkeln, wenn es um das *Wie* geht. Dies war für Peter Anlass, dieses Buch zu schreiben. Rund um den im Buch beschriebenen Werkzeugkasten für agile Führungskräfte hat er zudem ein Training entwickelt: »PAM – Professional Agile Manager«. Außerdem coacht und begleitet er einmal pro Woche verschiedene agile Führungskräfte in ihrer neuen Rolle.

Über den Übersetzer

Rolf Dräther studierte Physik und arbeitete u.a. als Schallschutzsachverständiger, Windsurf- und Snowboardlehrer, Softwareentwickler, Radkurier, Leiter einer Softwareentwicklungsabteilung, Autor und Übersetzer. Als er spürte, dass ihn die Menschen mehr als die Technik interessieren, absolvierte er eine dreijährige berufsbegleitende Ausbildung am Systemischen Institut Karlsruhe und eine Vielzahl von Weiterbildungen. Seit 2013 arbeitet er freiberuflich als Berater und Coach. Dabei ist für ihn Freude bei der Arbeit ein zentraler Erfolgsfaktor und besonderes Anliegen.

Er ist Autor von »Retrospektiven – kurz & gut« (O'Reilly 2014), Ko-Autor von Scrum – kurz & gut« (O'Reilly 2019) und »Neue Geschichten vom Scrum« (dpunkt 2018), daneben Übersetzer von »Der Bienenhirte« (dpunkt 2017) und »Praxisbuch Reisefotografie« (dpunkt 2018). Er teilt sein Wissen gern und regelmäßig auf Konferenzen und Community-Events.

2015 hat er auf einem motorlosen Frachtsegler den Atlantik überquert.

Stimmen zur niederländischen Originalausgabe

Erik Passchier, IT-Leiter Kredite, Sparen, Anlegen und Versichern, Rabobank:
»Um deutlich mehr Kundenfokus und die zugehörige Agilität zu entwickeln, implementieren wir eine neue Kultur und Arbeitsweise. Peter Koning inspiriert uns dabei bezüglich des ›Warum‹ und liefert praktische Anregungen zum ›Wie‹. In seinem Buch ›Toolkit für agile Führungskräfte‹ stellt er sein Vorgehen auf klare und übersichtliche Weise dar. Ein Muss für jede Führungskraft agiler Teams oder einer agilen Organisation.«

Amir Arooni, CIO NN Group:
»Mir ging, wie sicher vielen von Ihnen, eine Menge Fragen durch den Kopf, bevor ich dieses Buch gelesen habe. Wie kann ich die Agilität meiner Organisation vergrößern? Aber auch: Wie gebe ich dem Begriff ›Ownership von Menschen in meiner Organisation‹ mehr Inhalt? Dieses Buch hat mir auf verständliche und inspirierende Weise Antwort auf meine Fragen gegeben und darüber hinaus etliche neue Ansätze vermittelt. Es ist jedem zu empfehlen, der einen Veränderungsprozess begleiten will.«

Menno Lanting, Keynote Speaker und Bestsellerautor:
»Ein aktuelles Buch über einen herausfordernden Sachverhalt. Anhand der innovativen und praktischen Tools wird das Führen von agilen Teams sehr praxisnah vermittelt.«

Petra Mesdag, Geschäftsführerin Eneco SME:
»Ein praktischer und gut lesbarer Leitfaden für Führungskräfte, die wissen, dass sich etwas verändern muss, und nach einem praktischen Einstieg suchen. Ein Fundus an Erkenntnissen. Dieses Buch ist für all jene, die auf eine neue Art und Weise organisieren und führen wollen. Ich wünschte, es hätte dieses Buch schon gegeben, als ich vor einigen Jahren meine neue Abteilung aufbaute. Dann hätte ich diverse Fallstricke vermeiden können.«

Rini van Solingen (Autor u.a. von »Die Kraft von Scrum« und »Der Bienenhirte«, zudem Professor an der TU Delft und CTO von Prowareness):

»Was bedeutet agile Führung eigentlich und was macht eine agile Führungskraft genau? Dieses Buch bringt Licht ins Dunkel und bietet konkrete Modelle und Werkzeuge. Pflichtlektüre für jede Führungskraft in einer agilen Welt.«

Anneke Keller, Head Software Development Coolblue:

»Ein wunderbar praktisches und übersichtliches Buch! Voller guter Tipps und Tricks für jede agile Führungskraft. Wenn alle technischen Führungskräfte der Niederlande dieses Toolkit ab jetzt einsetzen, haben wir im Handumdrehen Silicon Valley auf dem Polder!«

Jasper Oudshoorn, COO bei Laurens & Nivard IT Services, ehemaliger IT-/Transitionsmanager bei ANWB:

»Ein einfach umsetzbares und effektives Basisset für jede Führungskraft mit agilem Mindset. Das Set triggert mich täglich, an Ausrichtung und Umfeld zu arbeiten, sodass die Teams beständig schneller werden können und maximalen Kundennutzen liefern.«

Vikram Kapoor, CEO Prowareness Group, CEO des Jahres 2014:

»Führen von selbstorganisierten Teams ist schrecklich anstrengend und herausfordernd. Oft scheint es mehr Kunst als Wissenschaft zu sein. In diesem Buch werden innovative Tools vorgestellt, mit denen man sofort starten kann. Vor allem der Fokus auf Kultur, das Entwickeln neuer Gewohnheiten und das Erschaffen von informellen Führungskräften ist innovativ. Wahrlich eine Empfehlung für moderne Führungskräfte.«

Ron van Vliet, COO De Hypotheker:

»Endlich ein praktisches und handliches Buch über agile Führung. Keine theoretischen Abhandlungen, sondern echte Praxissituationen, einfach zu lesen und zudem äußerst vertraut. Mein Tipp: einfach mit den Tipps und Tools loslegen und die Reise hin zu einer wirklich agilen Organisation genießen!«

Index

S

T

U

V

W

Z